高等院校计算机教材系列

Android应用开发基础教程

王卫红 编著

图书在版编目（CIP）数据

Android 应用开发基础教程 / 王卫红编著．—北京：机械工业出版社，2015.1（2017.2 重印）
（高等院校计算机教材系列）

ISBN 978-7-111-48516-2

I. A… II. 王… III. 移动终端 – 应用程序 – 程序设计 – 高等学校 – 教材 IV. TN929.53

中国版本图书馆 CIP 数据核字（2014）第 267279 号

本书从 Android 初学者的角度，以一个完整的案例“课程管理系统”为主线，采用软件工程开发和 Android 知识点相结合的方式详细介绍了 Android 系统应用开发的全过程。书中主要分为 Android 简介、开发的前期准备、需求分析、界面设计、功能实现和实践扩展六个模块，希望读者通过本书的学习，既能够熟悉软件工程开发的整个实现流程，又能够掌握 Android 编程常用知识点的应用，真正做到融会贯通、学以致用。

本书可以作为高等院校计算机相关专业的教材用书，也可以作为 Android 系统初学者的参考资料。

出版发行：机械工业出版社（北京市西城区百万庄大街 22 号 邮政编码：100037）
责任编辑：李 艺　　责任校对：董纪丽
印 刷：三河市宏图印务有限公司　　版 次：2017 年 2 月第 1 版第 2 次印刷
开 本：185mm×260mm 1/16　　印 张：12.75
书 号：ISBN 978-7-111-48516-2　　定 价：35.00 元

凡购本书，如有缺页、倒页、脱页，由本社发行部调换
客服热线：（010）88378991 88361066　　投稿热线：（010）88379604
购书热线：（010）68326294 88379649 68995259　　读者信箱：hzjsj@hzbook.com

前 言

随着经济的快速发展，智能手机已经成为当今社会生活不可缺少的一部分。Android 作为手机市场的主流系统，已经成为使用人数最多的移动设备系统。Android 系统功能强大，具有良好的用户体验、较为全面的硬件设备支持和较高的系统性能。作为新时代的程序员，我们无法忽视这个系统强烈的开发热潮。而“工欲善其事，必先利其器”，要开发出优秀的 Android 应用程序，首先需要掌握 Android 的基础知识。

本书从 Android 初学者的角度，用浅显易懂的文字、具体的实例，详细地介绍 Android 系统中的常用知识点。最重要的是，本书全面贯彻“从实践中来、到实践中去、紧密结合实践”的宗旨，打破常规教材的编写方式，以实际项目开发为主线，在开发的过程中提炼 Android 相关知识，将知识融会贯通、举一反三，最终完成一个实践项目。

全书的教学理念是“读－做－思考－做”。读者在学习本书时，最好不要局限在“读”这一步骤，而是跟着本书讲解的内容去实际动手“做”，并在“做”的过程中进行“思考”，归纳总结其中的开发原理，最后，将学到的知识灵活应用到实践开发中。

通过本书的学习，读者可以自己实现一个基于 Android 的课程管理系统的主要功能模块。掌握了这个案例的主要功能模块，便可推广到任何一个 Android 应用开发项目上。

本书采用软件工程开发和 Android 知识点相结合的方式讨论 Android，主要分为六部分。

第一部分即第 1 章和第 2 章，首先介绍 Android，对 Android 的基本概念、主要特征、系统架构以及 Android 应用程序的生命周期进行了简要说明。然后，详细介绍了基于 Android 的课程管理系统开发过程中将要用到的 Android 客户端和服务器端的开发环境搭建过程。

第二部分即第 3 章和第 4 章，主要是软件工程开发的前期准备，确定“基于 Android 的课程管理系统”的需求分析，并为该系统设计相应的数据库。

第三部分即第 5 章，根据基于 Android 的课程管理系统的需求，为该工程搭建服务器端和客户端的系统框架，并使用异步 HTTP 和 JSON 相结合的方式实现服务器端和客户端的数据交互。客户端就是简单的 Android 工程，而服务器端则采用 SSH 框架来实现。

第四部分即第 6 章，简单地介绍 Android 界面设计的相关内容，为后期基于 Android 的课程管理系统的界面开发提供理论基础。在介绍界面设计时，将结合工程中的几个界面布局文件进行详细说明。

第五部分即第 7 ~ 11 章，是基于 Android 的课程管理系统主要功能的具体实现。这是本书的重中之重，我们将主要介绍以下五个功能模块：用户登录、教师课程管理、课堂点到、作业与资源管理、消息发送。

“用户登录”功能模块中将涉及以下知识点：

- 消息提醒（Toast、Dialog 的使用）；
- SQLite 的创建、插入和查询；
- 活动状态的保存与还原；
- 菜单的创建和使用；

- 服务器数据库操作。

“教师课程管理”功能模块中将涉及以下知识点：

- ListView 适配器的使用；
- Intent 活动启动（显式、隐式以及数据传输）；
- 广播事件的注册和注销。

“课堂点到”功能模块中将涉及以下知识点：

- 后台服务的创建和使用；
- 百度地图的使用和位置服务的实现。

“作业与资源管理”功能模块中将涉及以下知识点：

- 多媒体的使用（摄像头、录音机）；
- 媒体文件的上传下载；
- 媒体文件的管理。

“消息发送”功能模块中将涉及以下知识点：

- SMS 消息发送。

第六部分即第 12 章，是实践扩展模块。本章将提出一个实际的项目需求，让读者结合已学的知识，根据功能需求，独立开发一个 Android 应用程序，提高自己的实践能力。

为了确保读者在使用本书学习 Android 时的完整效果，并能快速练习或查看实例效果，本书提供了配套的程序源代码和开发工具安装包，读者可登录华章网站下载。

- 案例源代码：本书将所需的全部代码按照章节名称放在各文件夹中，其中包括分章节代码、习题源代码、实践扩展参考代码和系统参考源代码。此外，全书中所有程序清单路径，都是在“教材源代码 / 分章节代码”这个目录下的子文件夹。
- 软件安装包：为方便用户进行 Android 软件开发实践，本书提供了所需的基于 32 位系统的软件开发工具安装包，包括 Eclipse、tomcat 和 MySQL 等软件安装包。

此外，本书将为授课教师配备相关教辅资源，教师可登录华章网站下载。

编者

2014.10

教学建议

教学章节	教学要求	课时
第 1 章 Android 简介	Android 的基本概念、主要特征、系统架构 Android 应用程序生命周期	2（理论）
第 2 章 Android 环境搭建	Android 客户端的开发环境搭建 Android 服务器端的开发环境搭建	2（理论）+4（实践）
第 3 章 工程需求分析	基于 Android 的课程管理系统的需求分析	2（理论）
第 4 章 工程数据分析	数据库的相关知识 掌握数据库设计的方法	2（理论）
第 5 章 工程框架搭建	为基于 Android 的课程管理系统搭建系统框架 使用异步 HTTP 和 JSON 实现服务器端和客户端的数据交互	4（理论）+8（实践）
第 6 章 界面设计	了解 Android 界面设计的相关内容 结合实例，掌握各种界面布局的使用方法	2（理论）+4（实践）
第 7 章 用户管理	根据用户管理功能需求，掌握用户登录功能模块的实现	4（理论）+8（实践）
第 8 章 教师课程管理	根据教师课程管理功能需求，掌握教师课程管理功能模块的实现	4（理论）+8（实践）
第 9 章 课堂点到	根据课堂点到功能需求，掌握课堂点到功能模块的实现	4（理论）+8（实践）
第 10 章 作业与资源管理	根据作业管理和资源共享功能需求，掌握作业与资源管理功能模块的实现	2（理论）+4（实践）
第 11 章 消息发送	根据消息发送功能需求，掌握消息发送功能模块的实现	2（理论）+4（实践）
第 12 章 实践扩展——私家车拼车系统	结合私家车拼车的实际需求，完成基本功能模块的实现	2（理论）+48（实践）
总课时	第 1 ~ 12 章建议课时	32（理论）
	课外实践建议课时	96（实践）

说明：1）课程可以安排 32 课时完成，需要 96 课时左右的课外实践。

2）每个知识点都有扩展练习，还有一个中型 Android 应用程序开发，建议让学生 3 人一组，团队开发，最后写一份报告。

目　录

第1章 Android 简介

Android是由Andy Rubin创立的一个手机操作系统，后来被Google公司收购。Google公司希望与各方共同建立一个标准化、开放式的移动电话软件平台，从而在移动产业内形成一个开放式的操作平台。

目前使用Android系统的手机数量已超越iPhone，Android系统成为全球使用量最大的手机系统。随着Android手机的快速普及，对Android应用的需求势必越来越大，其所拥有的市场商机也将日益庞大。

学习重点

- Android的发展历程
- Android平台的特征
- Android系统架构
- Android进程
- Android应用程序生命周期

1.1 Android 的背景

Android的原意为“机器人”，Google将Android的标志设计为绿色机器人，不但表达了字面意义，而且表示Android系统是一个符合环保概念、轻薄短小、功能强大的移动系统，意在使其成为第一个真正为手机打造的开放并且完整的系统。

1.1.1 Android 的历史

为了更好地了解Android，有必要对其历史进行一些了解。谈到Android，首先需要了解的是“开放手机联盟”，其英文名称为Open Handset Alliance（OHA），这是美国Google公司于2007年11月宣布组建的一个全球性的联盟组织。这个联盟支持Google公司发布的手机操作系统或者应用软件，开发了名为Android的开放源代码的移动操作系统。

自“开放手机联盟”成立以来，Android的发展也加快了脚步，下面我们选取Android发展历史上比较关键的事件来回顾下它的发展历程。

- 2007年11月5日，34位联盟成员宣布成立“开放手机联盟”。
- 2007年11月12日宣布发布第一版Android SDK。
- 2008年4月17日举办Android开发者竞赛，在规定的时间内提交了1788件作品，推动了Android开发应用的速度。
- 2008年8月28日，为Android平台手机提供软件分发和下载功能的Market正式上线，迅速积累了大量的应用。

- 2008年9月23日，美国运营商T-Mobile USA在纽约正式发布第一款Google手机——T-Mobile G1。该款手机为宏达电制造，是世界上第一部使用Android操作系统的手机，支持WCDMA/HSPA网络，理论下载速率为7.2Mbit/s，并支持Wi-Fi。
- 2008年9月23日，Android 1.0 SDK R1发布，标志着Android系统趋于稳定和成熟，越来越多的开发者加入Android开发阵营中。
- 2008年10月21日，Android开放源代码。
- 2008年12月，华硕、索尼、GARMIN等厂商加入OHA，几乎世界上的大手机厂商都加入了使用Android的行列。
- 2009年4月，Google推出Android SDK 1.5版及Android开发工具ADT 0.9版，新增支持多语言、软键盘、多种输入法等功能。
- 2009年6月，宏达电（HTC）生产的英雄机（Hero）使用定制的Sense UI界面，开启了Android手机的新纪元。
- 2011年1月发布Android 3.0，这是一个适合平板电脑使用的操作系统，加入了特别为平板电脑设计的程序模块，宣告Android系统正式踏入平板电脑领域。
- 2011年10月发布Android 4.0。Android 4.0不但新增许多超炫功能，而且同时支持手机及平板电脑的使用。

1.1.2 Android的优势

Android作为一个基于Linux平台的新兴的手机操作系统，给用户带来了前所未有的挑战和机遇。

对硬件制造商来说，Android是开放的平台，只要厂商有足够能力，就可以在Android系统中加入自己开发的特殊功能，这样不受限于操作系统。同时Android是免费的平台，如果制造商采用Android系统，不必每出售一台手机就要缴一份版权费给系统商，也不必担心系统商调高手机系统使用费用，可大幅度节省成本。

对于应用程序开发者而言，Android提供完善的开发环境，支持各种先进的绘图、网络、相机等处理功能，方便开发者编写应用软件。市面上手机的型号及规格繁多，利用Android开发的程序可兼容不同规格的移动设备，不需开发者费心。最有利的是Google建立了Android市场（Android Market），让开发者可以发布自己的应用，同时这也是一个很好的获利渠道。

对移动设备用户来说，Android是一个功能强大的操作系统。申请一个Google账号（大部分用户原来就有）之后，即使用户更换不同厂商的手机，只要是Android系统，就可将原手机的各种信息如联系人、电子邮件等无缝转移到新手机中。

1.2 Android的特征

Android平台具有很多值得注意的特征，本节中我们将对书中即将用到的、具有代表性的特征进行详细说明。

1. SQLite 数据库存储

SQLite 是一款轻型的数据库，提供结构化的数据存储。Android 通过 SQLite 为每一个应用程序提供了一个轻量级的关系数据库，应用程序可以利用这个托管的关系数据库引擎来安全高效地存储数据。第 7 章中将详细地讨论如何使用 SQLite 数据库。

2. 共享数据和应用程序间通信

Android 使用三种技术来实现应用程序间的数据共享：通知（notification）、意图（intent）和内容提供器（content provider）。

使用通知 API，可以触发音频报警、引起振动，使设备的 LED 闪烁以及控制状态栏通知图标。由于通知是以前移动设备提醒用户的标准方式，本书中并不对其进行讨论。

意图承担着程序跳转和数据传递的重要使命，提供了一种在应用程序内部和应用程序之间传递消息的机制。意图作为 Android 中一个重要的核心组件，在贯穿本书的基于 Android 的课程管理系统中多处使用。本书将在第 8 章对其进行详细的说明。

内容提供器是一种将托管访问权限授予应用程序的私有数据库的方式。自带的应用程序的数据存储都作为内容提供器提供，我们可以在自己创建的应用程序中读取或者修改这些存储的数据。第 10 章中将用到该组件，并对其进行介绍。

3. 后台服务

Android 支持在后台运行不可见的应用程序和服务，后台服务允许构建一些不可见的应用程序组件，它们不需要与用户进行直接交互就能自动执行处理操作，主要通过 Service 来实现。Service 作为 Android 系统四大组件之一，可以支持后台服务，适用于开发无界面、长时间运行的应用功能。在第 9 章中将介绍如何实现课堂点到功能的后台服务。

4. 访问硬件

手机可以对摄像头、GPS、指南针和加速度计等硬件设备进行访问控制，Android 简化了这些硬件的访问过程，将其封装为 API，开发人员只需直接调用 API 即可访问硬件，大大提高了开发效率。

Android 中包含了针对基于位置的服务（如 GPS）、摄像头、音频等的 API，第 11 章将详细讨论如何使用这些硬件 API。

1.3 Android 系统的架构

Android 系统的底层建立在 Linux 系统之上，该平台由操作系统、中间件、用户界面和应用软件四层组成。它采用了软件叠层（software stack）的方式进行构建。这种软件叠层结构使得层与层之间相互分离，明确各层的分工。这种分工保证了层与层之间的低耦合，当下层的层内或层下发生变化时，上层应用程序无须任何改变。Android 的架构如图 1-1 所示。

由图 1-1 我们可以看出，Android 操作系统的架构可分为四层，由上到下依次是应用程序层、应用程序框架层、系统运行库层和 Linux 内核层，其中第三层分为两部分：系统库和 Android 运行时环境。下面分别讲解各个部分。

图 1-1　Android 系统的架构

1.3.1　应用程序层

Android 连同一个核心应用程序包一起发布，该应用程序包包括邮件客户端、SMS 短消息程序、日历、地图、浏览器、联系人管理程序等。所有应用程序都是用 Java 编写的。

1.3.2　应用程序框架层

开发者完全可以访问核心应用程序所使用的 API 框架。该应用程序框架层简化了组件软件的重用，任何一个应用程序都可以发布它的功能块并且任何其他的应用程序都可以使用其所发布的功能块（不过要遵循框架的安全性限制）。该应用程序层重用机制使得组件可以被用户替换。

所有的应用程序都由一系列的服务和系统组成，主要包括：

1）可扩展的视图（View System）：用来创建应用程序，包括列表（list）、网格（grid）、文本框（text box）、按钮（button），甚至是可嵌入的 Web 浏览器。

2）内容管理器（Content Providers）：使得应用程序可以访问另一个应用程序的数据（如联系人数据库），或者共享它们自己的数据。

3）资源管理器（Resource Manager）：提供非代码资源的访问，如本地字符串、图形和布局文件。

4）通知管理器（Notification Manager）：使得应用程序可以在状态栏中显示客户通知信息。

5）活动类管理器（Activity Manager）：用来管理应用程序生命周期并提供常用的导航回退功能。

1.3.3 系统库

Android 包括一个被 Android 系统中各种不同组件所使用的 C/C++ 标准库。该库通过 Android 应用程序框架为开发者提供服务。

以下是一些主要的系统库：

1）系统 C 库（libc）：一个从 BSD 继承来的标准 C 系统函数库（libc），专门为基于嵌入式 Linux 的设备定制。

2）媒体库：基于 PacketVideo OpenCORE，支持录放，并且可以录制许多流行的音频、视频格式，还支持静态映像文件，包括 MPEG4、H.264、MP3、AAC、JPG、PNG。

3）Surface Manager：对显示子系统的管理，并且为多个应用程序提供 2D 和 3D 图层的无缝融合。

4）LibWebCore：一个最新的 Web 浏览器引擎，用来支持 Android 浏览器和可嵌入的 Web 视图。

5）SGL：一个内置的 2D 图形引擎。

6）3D libraries：基于 OpenGL ES 1.0 API 实现，可以使用 3D 硬加速（如果可用）或者使用高度优化的 3D 软加速。

7）FreeType：位图（bitmap）和向量（vector）字体显示。

8）SQLite：一个对于所有应用程序可用、功能强大的轻型关系型数据库引擎。

1.3.4 Android 运行时环境

Android 包括一个核心库，该核心库提供了 Java 语言核心库的大多数功能。

每个 Android 应用程序都在它自己的进程中运行，都拥有一个独立的 Dalvik 虚拟机实例。Dalvik 是针对同时高效地运行多个 VM 实现的。Dalvik 虚拟机执行 .dex 可执行文件，该格式文件针对最小内存使用做了优化。该虚拟机是基于寄存器的，所有的类都由 Java 汇编器编译，然后通过 SDK 中的 DX 工具转化成 .dex 格式由虚拟机执行。

Dalvik 虚拟机依赖于 Linux 的一些功能，比如线程机制和底层内存管理机制。

1.3.5 Linux 内核层

Android 的核心系统服务如安全机制、内存管理、进程管理、网络协议栈和驱动模型，都依赖于 Linux 内核。Linux 内核也作为硬件和软件栈之间的硬件抽象层。

1.4 Android 应用程序生命周期

Android 应用程序的生命周期是指 Android 系统中进程从启动到终止的所有阶段，也就是 Android 程序启动到停止的全过程。Android 应用程序的生命周期由 Android 系统进行调度和控制。

1.4.1 Android 进程

从内部来看，每个用户界面都是通过一个 Activity 类表示的，而每个活动都有自己的生命周期。一个应用程序就是一个或多个活动加上包含这些活动的 Linux 进程。

我们需要认识到一个事实：在 Android 中，即使其进程被“杀死”（结束），相应的应用程序仍然是“活着的”。换句话说，活动的生命周期与进程的生命周期没有关系。进程只是各种活动可随意使用的一个容器。

Android 系统中的进程优先级由高到低，如图 1-2 所示。

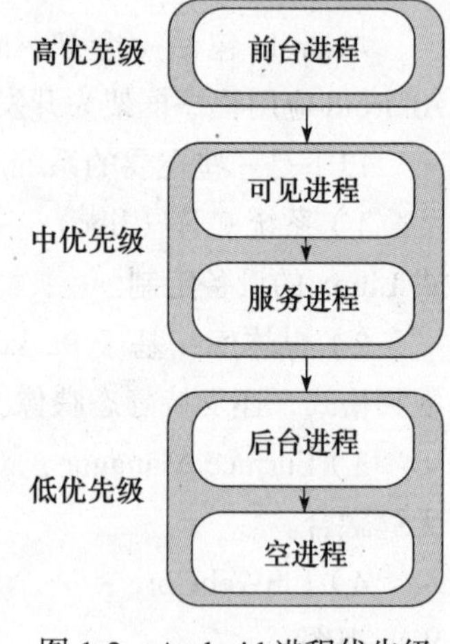

图 1-2 Android 进程优先级

1. 前台进程

前台进程是 Android 系统中最重要的进程，是与用户正在交互的进程，包含以下四种情况：

1）进程中的 Activity 正在与用户进行交互。

2）进程服务被 Activity 调用，而且这个 Activity 正在与用户进行交互。

3）进程服务正在执行生命周期中的回调函数，如 onCreate()、onStart() 或 onDestroy() 进程的 BroadcastReceiver 正在执行 onReceive() 函数。

4）Android 系统在多个前台进程同时运行时，可能会出现资源不足的情况，此时会清除部分前台进程，保证主要的用户界面能够及时响应。

2. 可见进程

可见进程指部分程序界面能够被用户看见，却不在前台与用户交互、不响应界面事件的进程。如果一个进程包含服务，且这个服务正在被用户可见的 Activity 调用，此进程同样被视为可见进程。Android 系统一般存在少量的可见进程，只有在特殊的情况下，Android 系统才会为保证前台进程的资源而清除可见进程。

3. 服务进程

服务进程是指包含已启动服务的进程，没有用户界面，在后台长期运行。Android 系统除非不能保证前台进程或可见进程所必要的资源，否则不强行清除服务进程。

4. 后台进程

后台进程是指不包含任何已经启动的服务，而且没有任何用户可见的 Activity 的进程。Android 系统中一般存在数量较多的后台进程，在系统资源紧张时，系统将优先清除用户较长时间没有见到的后台进程。

5. 空进程

空进程是不包含任何活跃组件的进程，在系统资源紧张时会首先被清除。但为了提高应用程序的启动速度，Android 系统会将空进程保存在系统内存中，在用户重新启动该程序时，空进程会被重新使用。

除了以上的优先级外，以下两方面也决定它们的优先级：①所有组件中优先级最高的部分；②根据与其他进程的依赖关系而变化。

1.4.2 Activity 生命周期

Android 程序中的每个 Activity 在其存在期间都会处于多种状态之一，如图 1-3 所示。开发人员不能控制程序处于哪个状态，这是由系统管理的。但是，改变状态时，系统会通过

onXX() 方法通知开发人员。你需要在 Activity 类中覆写这些方法，而 Android 会在合适的时间调用下面这些方法。

- onCreate(Bundle)。首次启动活动时会调用该方法。可使用该方法执行一次性的初始化工作，如创建用户界面。onCreate() 接收一个参数，可以是 null 或由 onSaveInstanceState() 方法以前保存的某个状态信息。
- onStart()。该方法说明了将要显示给用户的活动。
- onResume()。用户可以开始与活动进行交互时会调用该方法。这个方法非常适合播放动画和音乐。
- onPause()。活动将要进入后台时会运行该方法，活动进入后台的原因通常是在前台启动了另一个活动。还应该在该方法中保存程序的持久性状态，如正在编辑的数据库记录。
- onStop()。用户不再看到某个活动，或者在一段时间内不需要某个活动时，可以调用该方法。如果内存不足，可能永远都不会调用 onStop()（系统可能只是终止进程）。
- onRestart()。如果调用该方法，则表明要将已处于停止状态的活动重新显示给用户。
- onDestroy()。销毁活动前会调用该方法。如果内存不足，可能永远都不会调用 onDestroy()（系统可能只是终止进程）。
- onSaveInstanceState(Bundle)。Android 调用该方法的作用是让活动可以保存每个实例的状态，如光标在文本字段中的位置。通常无需覆写该方法，因为该方法的默认实现会自动保存所有用户界面控件的状态。
- onRestoreInstanceState(Bundle)。使用 onSaveInstanceState() 方法以前保存的状态重新初始化某个活动时会调用该方法。默认实现会还原用户界面的状态。

没有在前台中运行的活动可能被停止，或者容纳这些活动的 Linux 进程被“杀死”(结束)，从而为新的活动腾出空间。这是经常出现的情况，所以在一开始设计应用程序时记住这一点很重要。在某些情况下，onPause() 方法可能是活动中调用的最后一个方法，所以才应在该方法中保存下次要继续使用的任何数据。

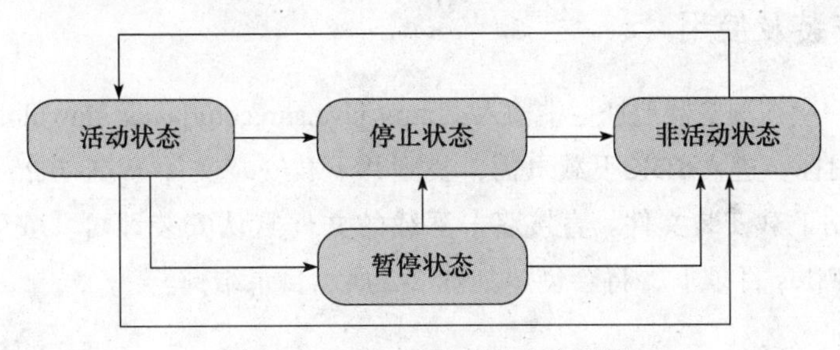

图 1-3　Android 活动的生命周期

扩展练习

1. Android 是基于什么操作系统的应用系统？
2. 简述 Android 的系统架构。
3. Android 有哪些历史版本？
4. 请描述 Activity 的生命周期以及何时调用相应的生命周期。

第2章　Android 环境的搭建

在学习 Android 应用开发时，使用功能强大的开发工具可以使学习事半功倍。Android 开发环境可以在 Windows XP 以上、Mac OS X 10.5.8 以上或 Linux 等操作系统中安装，本书以 32 位 Windows 7 系统为例说明安装步骤，后面章节的实例也以此系统进行演示操作。

学习重点

- JDK 的安装及使用
- Android 开发环境安装
- Android 模拟器配置
- 服务器开发环境安装
- 数据库安装

2.1　概述

本书将实现 Android 客户端与 Java 服务器相交互的应用程序开发，因此本书需要的软件有 Java 开发工具包 JDK、Android 开发工具包 SDK，以及 Android 集成开发环境 ADT、服务器端开发环境 MyEclipse（或者 JavaEE Eclipse）。数据库使用 MySQL 数据库。为了能够在 PC 上模拟运行 Android 应用而不必每次都使用真机调试，还需要配置虚拟设备，即 AVD。为了能够运行服务器端程序，需要使用 Web 服务器，本书使用 Tomcat 作为 Web 服务器使用。

2.2　JDK 的安装及使用

要安装 JDK，应在浏览器地址栏中输入：http://java.sun.com/javase/downloads/index.jsp，单击如图 2-1 所示图标，进入 JDK 下载页面，找到并下载安装文件（jdk-7u25-windows-i586）。也可以从华章网站下载安装文件。直接双击下载的文件默认安装即可。安装结束后，在系统盘的 Program Files 目录下，将会创建如图 2-2 所示目录结构。

图 2-1　JDK 图标

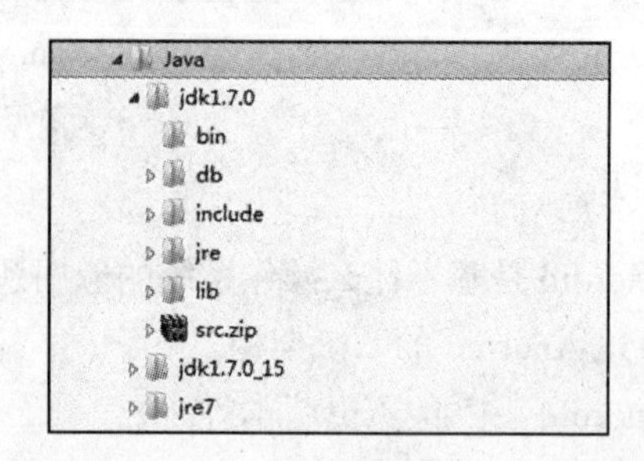

图 2-2　JDK 安装目录

安装 Java JDK 后，为了能够直接使用命令提示符执行相关任务，需要配置环境变量。第一个环境变量名为 Java_Home，变量值为 JDK 的安装目录，如图 2-3 所示。

除了 Java_Home 外，还需要将 JDK 目录下的 bin 路径配置到 Path 变量中，以便能够使用 JDK 的工具，如图 2-4 所示。

图 2-3 Java_Home 环境变量配置

图 2-4 Path 环境变量中追加 JDK 工具目录

2.3 SDK、ADT 的安装及使用

SDK 是 Android 的工具包，ADT 是一款基于 Android 开发的 Eclipse 软件。目前，SDK 和 ADT 的安装方式有两种：① SDK、ADT 捆绑式安装；②在已有的 Eclipse 的基础上安装 SDK、ADT。

2.3.1 SDK、ADT 捆绑式安装

目前可以下载到把 SDK、ADT 打包在一起的安装文件（如进入 Google 官方网站，单击如图 2-5 所示图标进入下载页）。根据计算机系统情况选择安装文件。以 32 位 Windows 7 系统为例，下载安装文件（adt-bundle-windows-x86-20130729）（此软件一直更新中）。此软件也可在华章网站下载。

把下载后的安装文件目录直接复制到本地某一个目录下，该目录名应尽量简单，不要有中文或空格。不需要安装，可以直接使用。需要注意的是，该文件夹包括两部分，即 Eclipse 和 Android 平台 SDK。下载后的安装文件的目录结构如图 2-6 所示。

图 2-5 SDK、ADT 绑定下载图标

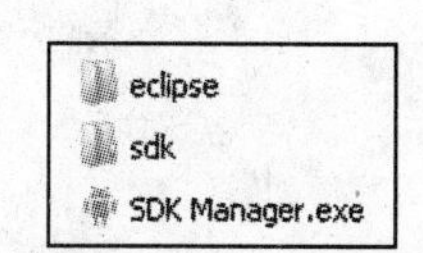

图 2-6 安装目录

其中，eclipse 目录下是已经绑定了 ADT 插件的 Eclipse，打开 eclipse 文件，双击 eclipse.exe 运行 Eclipse 工具。sdk 目录下是 Android 的工具包。如果需要更新 SDK 版本，可以双击 SDK Manager.exe 文件，可以根据需要勾选选项，单击 install... 按钮，如图 2-7 所示。

在之后弹出的如图 2-8 所示界面中，选择 Accept License，单击 Install 按钮就可以对所勾选的内容版本进行更新。由于是在线更新，所以需要等待较长时间。

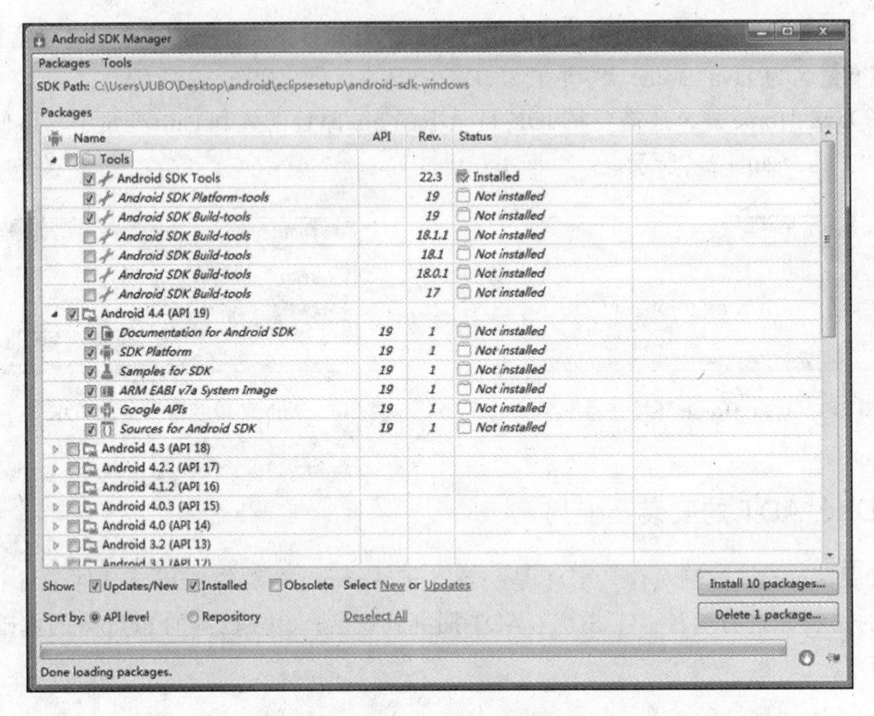

图 2-7 SDK Manager.exe 运行界面

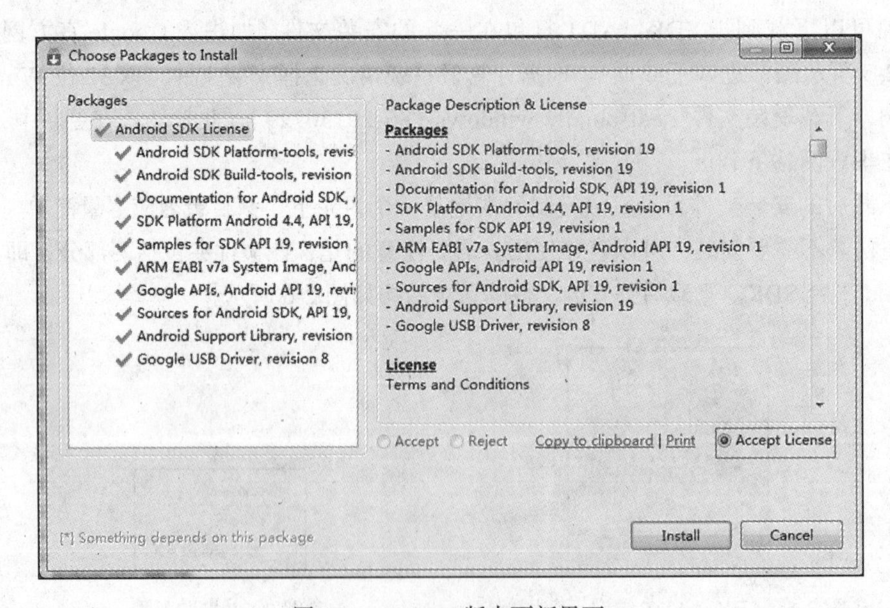

图 2-8 Android 版本更新界面

注意事项：

如果 Android SDK 更新是从 Google 的官方网站下载更新的，可能会由于防火墙问题出现组件更新失败，解决方案如下。

1）首先在 SDK Manager 中单击 Tools 下的 option，将 Force https... 这一项取消，如图 2-9 所示。

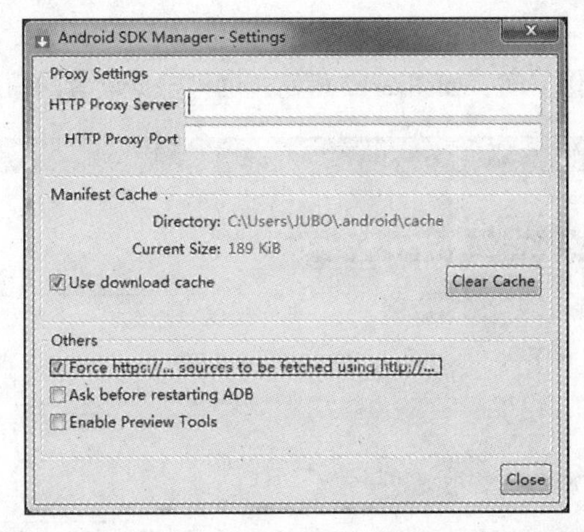

图 2-9　SDK Manager 设置界面

2）找到 C:\Windows\System32\drivers\etc 目录下 hosts 文件，根据项目需要将以下内容复制到 hosts 文件最后，并保存。hosts 文件修改前如图 2-10 所示，修改后 hosts 文件如图 2-11 所示。

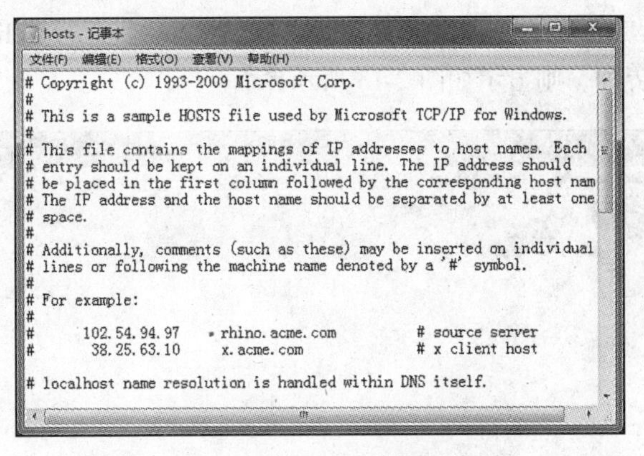


```
# Copyright (c) 1993-2009 Microsoft Corp.
#
# This is a sample HOSTS file used by Microsoft TCP/IP for Windows.
#
# This file contains the mappings of IP addresses to host names. Each
# entry should be kept on an individual line. The IP address should
# be placed in the first column followed by the corresponding host nam
# The IP address and the host name should be separated by at least one
# space.
#
# Additionally, comments (such as these) may be inserted on individual
# lines or following the machine name denoted by a '#' symbol.
#
# For example:
#
#      102.54.94.97     rhino.acme.com          # source server
#       38.25.63.10     x.acme.com              # x client host

# localhost name resolution is handled within DNS itself.
```

图 2-10　hosts 文件修改前

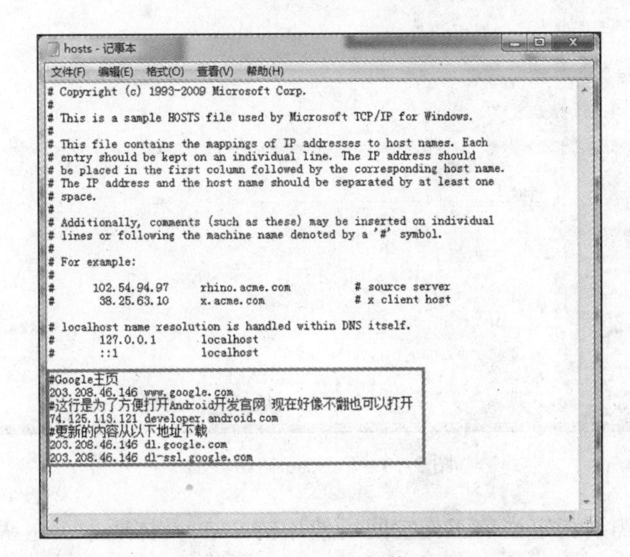


```
# Copyright (c) 1993-2009 Microsoft Corp.
#
# This is a sample HOSTS file used by Microsoft TCP/IP for Windows.
#
# This file contains the mappings of IP addresses to host names. Each
# entry should be kept on an individual line. The IP address should
# be placed in the first column followed by the corresponding host name.
# The IP address and the host name should be separated by at least one
# space.
#
# Additionally, comments (such as these) may be inserted on individual
# lines or following the machine name denoted by a '#' symbol.
#
# For example:
#
#      102.54.94.97     rhino.acme.com          # source server
#       38.25.63.10     x.acme.com              # x client host

# localhost name resolution is handled within DNS itself.
#	127.0.0.1       localhost
#	::1             localhost

#Google主页
203.208.46.146 www.google.com
#这行是为了方便打开Android开发官网 现在好像不翻也可以打开
74.125.113.121 developer.android.com
#更新的内容从以下地址下载
203.208.46.146 dl.google.com
203.208.46.146 dl-ssl.google.com
```

图 2-11　hosts 文件修改后

打开 eclipse 文件夹，双击 eclipse.exe 文件，即可以运行 Eclipse。启动过程中，需要指定 Workspace 的位置，即工作空间，如图 2-12 所示（也可根据读者的情况自行设置）。

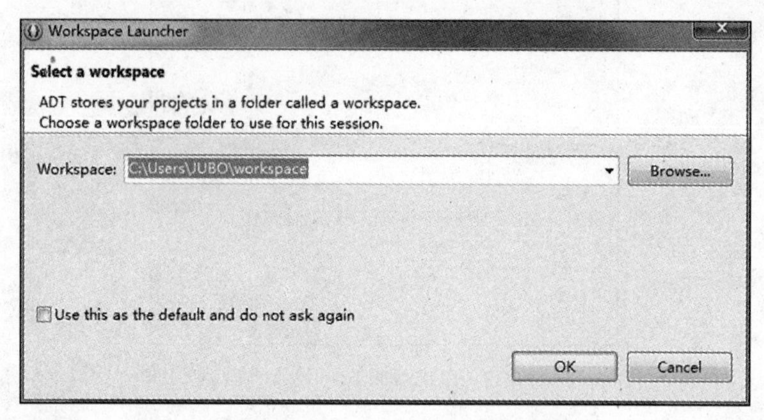

图 2-12　Android 工作空间选择界面

在图 2-12 中，选择了 C:\Users\JUBO\workspace 目录为当前的工作空间，那么以后使用该 Eclipse 创建的工程都将存放在该目录下。单击 OK 按钮后将运行 Eclipse，第一次启动将显示欢迎界面，关闭该界面，则显示如图 2-13 所示界面。

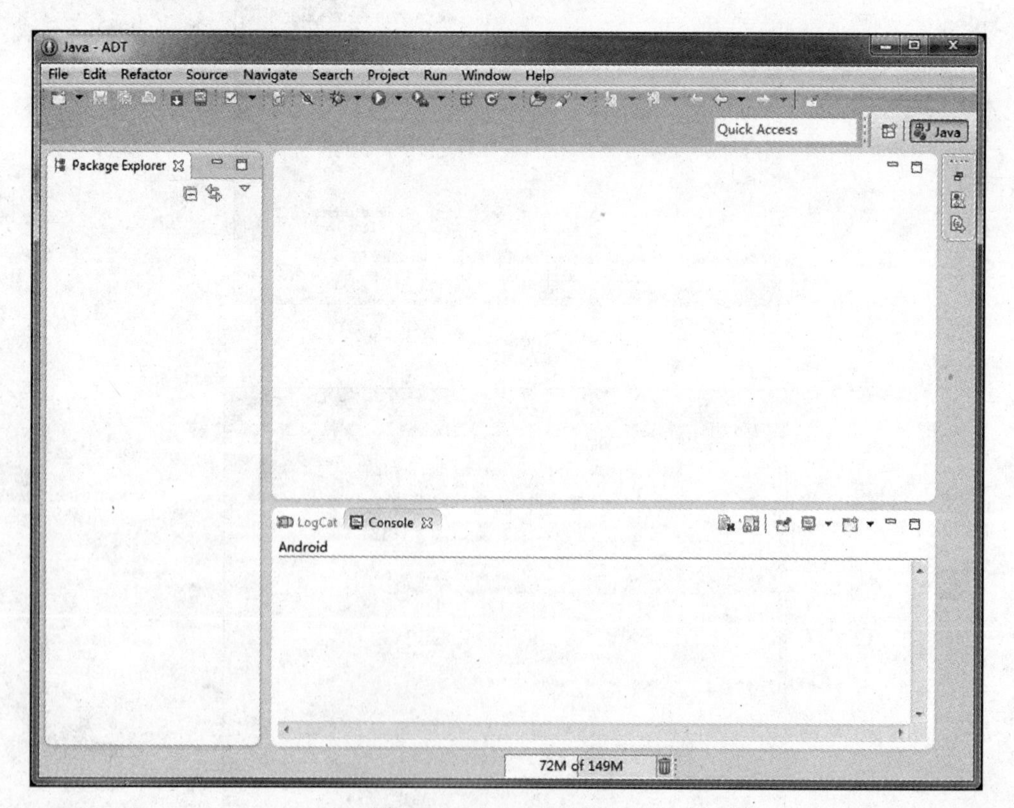

图 2-13　Eclipse 初始界面

正常启动后，需要指定当前工作空间所使用的 SDK 具体版本，在 Window 菜单下单击 Preferences，打开如图 2-14 界面。

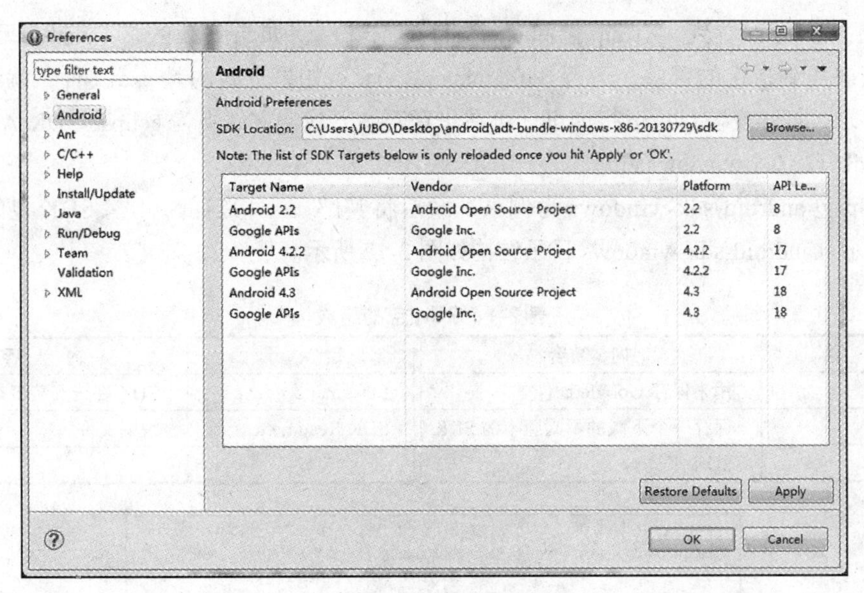

图 2-14 SDK 版本选择界面

单击 Browse 按钮，将 SDK Location 指定到 SDK 的根目录即可。至此，已经搭建好 Android 应用的开发环境。

2.3.2 单独安装 Eclipse、SDK、ADT

1. 安装 Eclipse 开发工具

登录 Eclipse 官网，在 http://www.eclipse.org/downloads/ 中下载 Eclipse IDE for Java EE Developers。选择在 Windows 平台下载相应的安装软件。也可以在华章网站下载该软件，文件名为 eclipse-SDK-ADT\eclipse\eclipse-java-kepler-R-win32.zip。解压下载得到的压缩文件，解压后的文件夹可放在任何目录；直接双击 eclipse.exe 文件，即可看到 Eclipse 的启动界面，表明 Eclipse 已经安装成功。下载页面如图 2-15 所示。

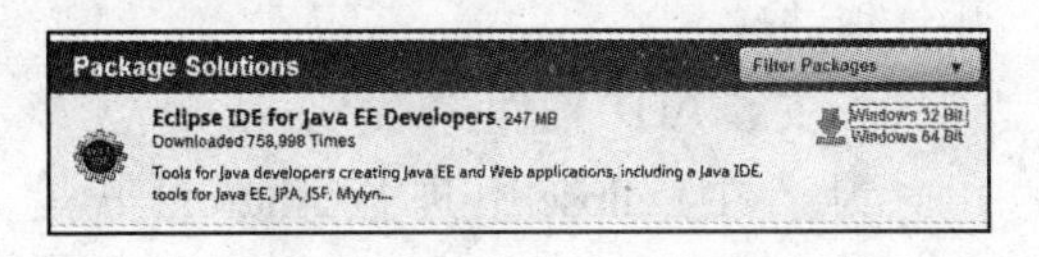

图 2-15 Eclipse 下载页面

2. 下载 Android SDK

进入 SDK 官方下载网站，在下载页面单击界面下方 DOWNLOAD FOR OTHER PLATFORMS 条目，展开后找到单独 SDK 下载项如图 2-16 所示。

SDK Tools Only

Platform	Package	Size	MD5 Checksum
Windows 32 & 64-bit	android-sdk_r22.3-windows.zip	108847452 bytes	9f0fe8c8884d6aee2b298fee203c62dc
	installer_r22.3-windows.exe (Recommended)	88845794 bytes	ad50c4dd9e23cee65a1ed740ff3345fa
Mac OS X 32 & 64-bit	android-sdk_r22.3-macosx.zip	74893875 bytes	ecde88ca1f05955826697848fcb4a9e7
Linux 32 & 64-bit	android-sdk_r22.3-linux.tgz	100968558 bytes	6ae581a906d6420ad67176dff25a31cc

图 2-16 SDK 下载页面

从图 2-16 可以看到，有 zip 包和 exe 文件两个选择。如果下载的是 zip 包，无需安装，直接将其解压到指定的目录，运行 SDK manager.exe；如果下载的是 exe 文件，就将它安装到指定目录，打开安装目录运行即可。可在华章网站下载，文件夹为 eclipse-SDK-ADT\SDK\android-sdk_r22.0.5-windows.zip。

以 zip 包 android-sdk-windows 为例，下载后将其解压到指定的目录。SDK 包的组成如表 2-1 所示。android-sdk-windows 目录结构如图 2-17 所示。

表 2-1　SDK 包的组成

目　录	内　容	目　录	内　容
add-ons	用来保存 Google 插件	SDK manager.exe	SDK 在线安装工具
Platforms	保存一个下载的不同版本的 SDK	SDK Readme.text	说明文件
tools	SDK 工具		

add-ons	2013/11/18 12:21	文件夹	
build-tools	2013/11/18 11:09	文件夹	
docs	2013/11/18 11:31	文件夹	
extras	2013/11/18 11:30	文件夹	
platforms	2013/11/18 11:36	文件夹	
platform-tools	2013/11/18 11:07	文件夹	
samples	2013/11/18 11:39	文件夹	
sources	2013/11/18 11:42	文件夹	
system-images	2013/11/18 11:43	文件夹	
temp	2013/11/18 12:21	文件夹	
tools	2013/11/18 11:00	文件夹	
AVD Manager.exe	2013/10/29 14:38	应用程序	350 KB
SDK Manager.exe	2013/10/29 14:38	应用程序	350 KB
SDK Readme.txt	2013/10/29 14:38	UltraEdit Docum...	2 KB

图 2-17　SDK 解压文件的目录结构

将 zip 文件解压后 Android SDK 没有安装完成，可以看到有些目录还是空目录。此时运行 SDK Manager.exe 从官方网站获取可用组件，此步骤的具体内容在前面 2.3.1 节的注意事项中详细讲解。

3. 安装 ADT 插件

为了在 Eclipse 中进行 Android 开发，还需要安装 ADT 插件。打开 Eclipse，依次单击 help → Install New Software 项。在弹出的对话框的右侧边栏中，单击 Add Repository，在 Location 栏输入 http://dl-ssl.google.com/Android/eclipse。单击 OK 按钮，如图 2-18 所示。返回上一级对话框，选择安装内容，如图 2-19 所示，单击 Next 按钮，直到最后一个界面，单击 Finish 按钮进行安装。

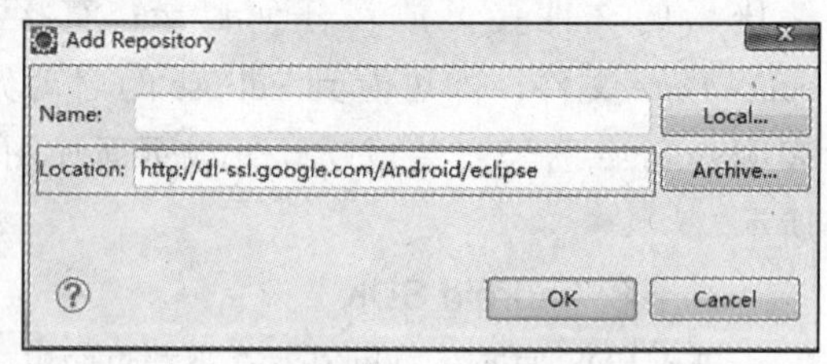

图 2-18　通过 Eclipse 在线下载 ADT（1）

如果在线安装失败，可以通过下载 ADT 包手动配置。编写本书时，最新的 ADT 是 22.0.5，官方下载地址 http://dl.google.com/android/ADT-22.0.5.zip。此安装包可在华章网站下载，文件夹为 eclipse-SDK-ADT\ADT\ADT-22.0.5.zip。接下来的步骤与前面介绍的相同，在 Add Repository 对话框中单击 Achieve，选择下载的 ADT 压缩包即可。

安装完成后，重启 Eclipse。在工具栏可以看到如图 2-20 所示的按钮，表示 ADT 安装成功。

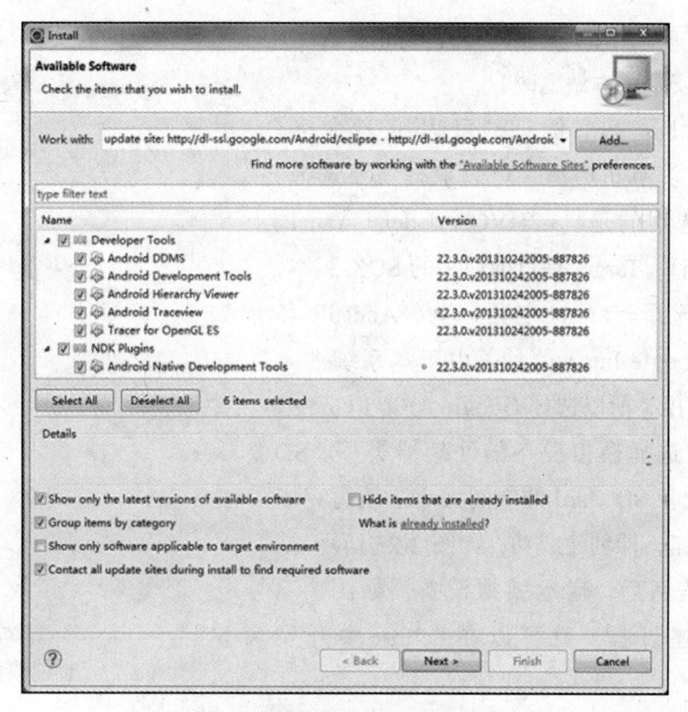

图 2-19　通过 Eclipse 在线下载 ADT（2）

图 2-20　ADT 按钮

2.4　配置 AVD

为了能够在 PC 上运行 Android 应用，而不需要每次都到真机上测试，可以在 ADT 中配置虚拟设备 AVD。单击 ADT 中的虚拟设备管理器图标，将打开虚拟设备管理器窗口，如图 2-21 所示（可后期更改）。

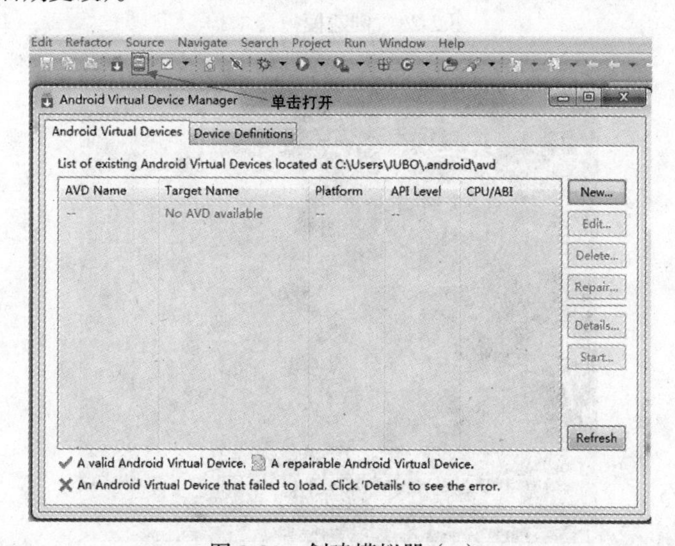

图 2-21　创建模拟器（1）

单击图2-21中的New按钮，将打开如图2-22所示窗口，根据需要填写相关信息（可根据本系统使用的安卓版本做更改）。

其中名字只是一个标记，可以随意命名。Device是一些主流真机类型，可以根据需要选择，课程管理系统选用的是“3.2HVGA slider（ADP1）（320×480：mdpi）”。Target是目前使用的SDK版本，可以根据需要选择。Target主要分为：Android和Google APIs（Google Inc.）两种。由于本系统涉及Google地图的应用，所以选择Google APIs（Google Inc.）。CPU/ABI选择模拟设备的处理器类型。SD Card指定模拟设备SD Card的空间大小。填写完毕后，单击OK按钮，即创建成功，如图2-23所示。

单击Start按钮后，启动模拟设备，如图2-24所示。经过上述过程，就可以在Eclipse中开发Android应用了。

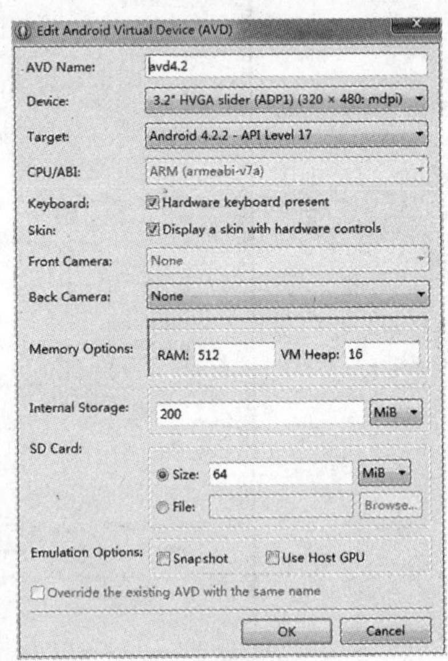

图2-22　创建模拟器（2）

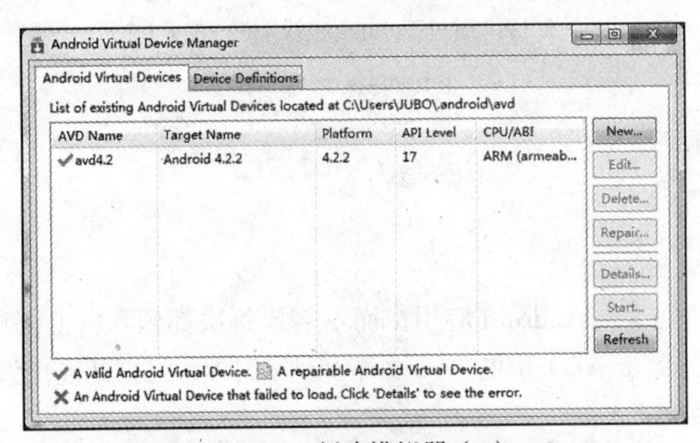

图2-23　创建模拟器（3）

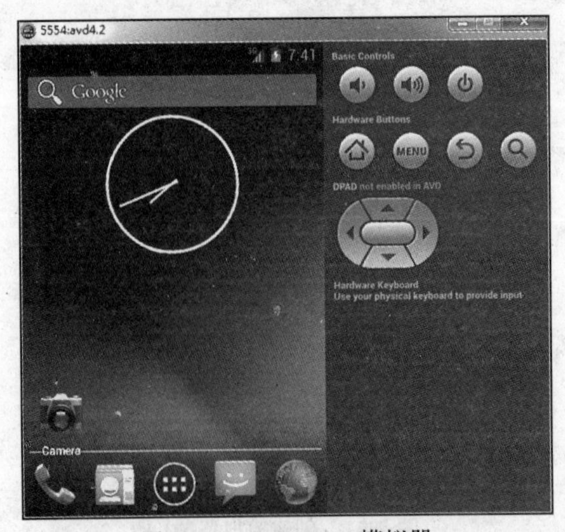

图2-24　Android4.2模拟器

2.5 安装 MyEclipse/JavaEE Eclipse

对于贯穿本书的"课程管理项目系统"，需要开发服务器端程序，开发环境可以使用 MyEclipse 或者 JavaEE Eclipse。MyEclipse 是一款收费 JavaEE 开发插件，付费下载后直接安装即可，其中集成了大部分 JavaEE 开发过程中所需插件，非常方便。如果不想付费，可以在学习过程中暂时使用试用版。JavaEE Eclipse 是 Oracle 官方提供的免费开发 JavaEE 应用的 Eclipse 版本，缺点是需要自行安装大部分插件。

MyEclipse 下载后直接双击安装即可使用，下载官方地址为 http://www.myeclipseide.com/module-htmlpages-display-pid-4.html。可从华章网站下载此软件，文件夹为 myeclipse\myeclipse-8.6.1-win32.exe。本案例将使用 MyEclipse 作为服务器端开发的 IDE 环境，如图 2-25 所示。

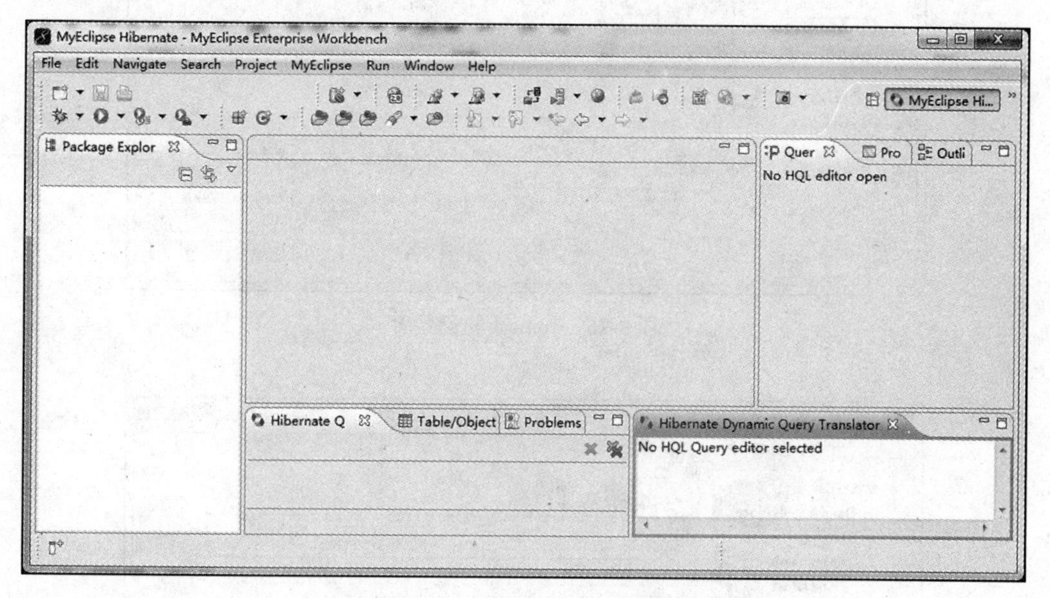

图 2-25 MyEclipse 初始界面

2.6 Tomcat 的安装与使用

服务器端的 Web 应用需要 Web 服务器才能运行，本项目中使用 Tomcat 6 作为服务器使用，官方下载地址为：http://tomcat.apache.org/download-60.cgi。推荐使用解压版本，不需要安装。可以从华章网站下载此软件，文件夹为 tomcat\apache-tomcat-6.0.18.zip。在 MyEclipse 中使用 Tomcat，需要首先绑定 JDK。

打开 MyEclipse，依次选择 Window → Preferences → MyEclipse → Servers → Tomcat，对 Tomcat 进行配置，如图 2-26 所示。

指定 Tomcat 的根目录，并选中 Enable 选项。接下来对 JDK 进行配置，单击 Add 按钮，指定 JDK 的安装目录，即 C:\Program Files\Java\jdk1.7.0_15，如图 2-27 所示。

启动 Tomcat 服务器，使用浏览器访问 Tomcat 首页，输入 http://localhost:8080/，显示如图 2-28 所示界面，表明启动成功。

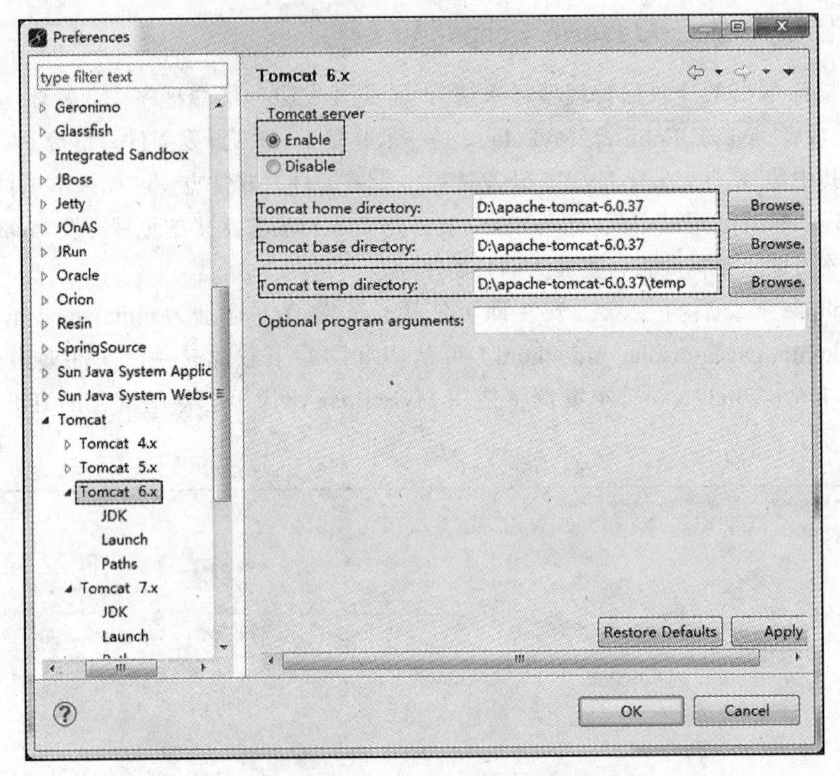

图 2-26 Tomcat 配置界面

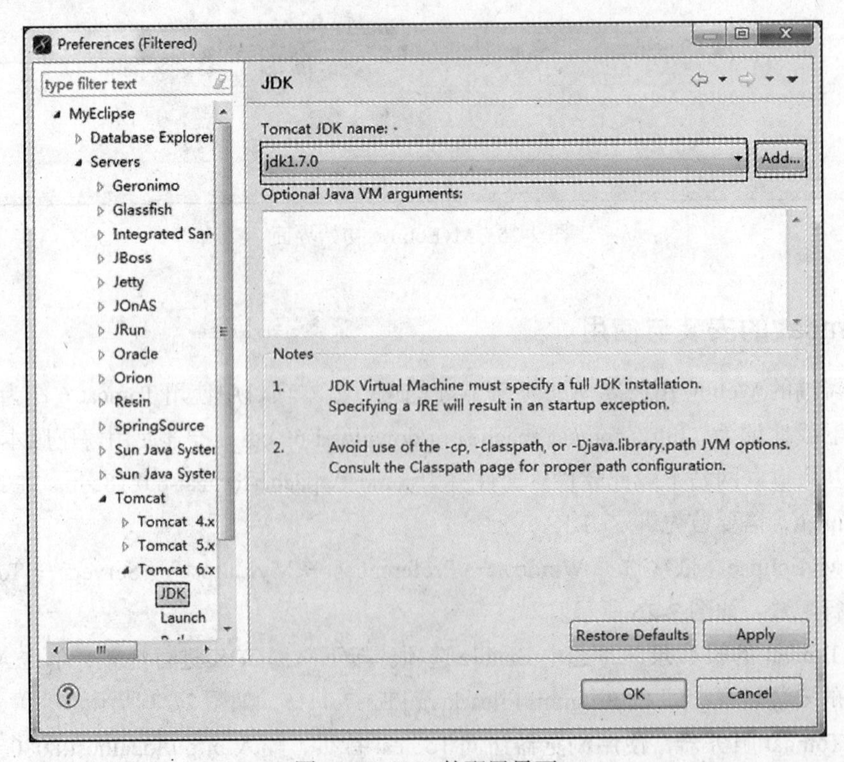

图 2-27 JDK 的配置界面

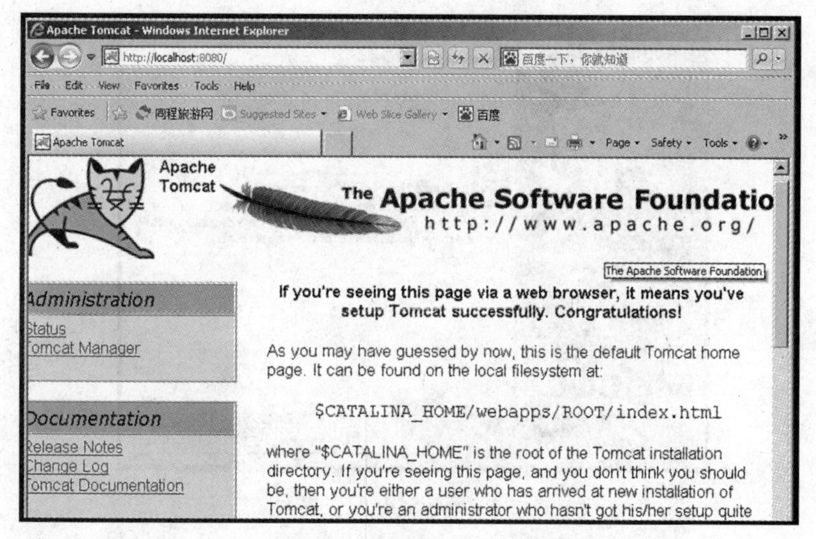

图 2-28 Tomcat 成功启动页面

2.7 安装 MySQL 数据库

在开发应用时，还经常要使用到 MySQL 数据库（本书中的案例也使用该数据库），MySQL 是一款免费数据库软件，官方下载地址为：http://www.mysql.com/downloads/。MySQL 数据库也可从华章网站下载，文件夹为数据库 \mysql-5.5.20-win32.msi。

双击安装文件，开始默认安装，如图 2-29 所示。

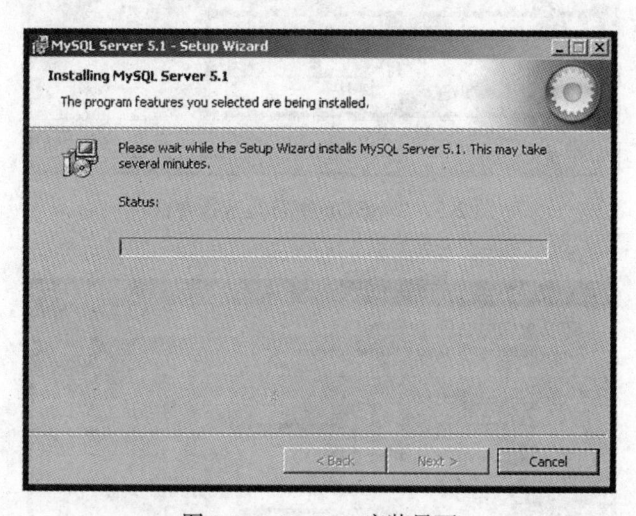

图 2-29 MySQL 安装界面

安装结束后，将提示是否配置 MySQL，如图 2-30 所示。

选择配置 MySQL，并单击 Finish 按钮，使用默认选项进行配置，直到选择字符集步骤，如图 2-31 所示。

选择使用 gb2312 作为字符集，以便能够支持中文。继续使用默认设置，直到设置 root 密码步骤，如图 2-32 所示。

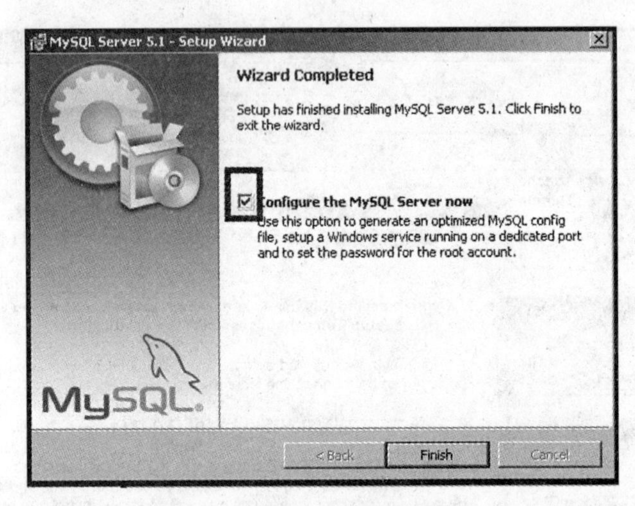

图 2-30　MySQL 配置界面

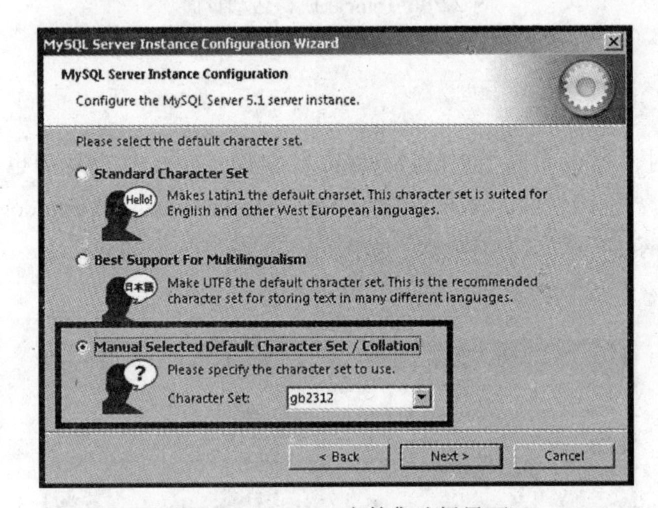

图 2-31　MySQL 字符集选择界面

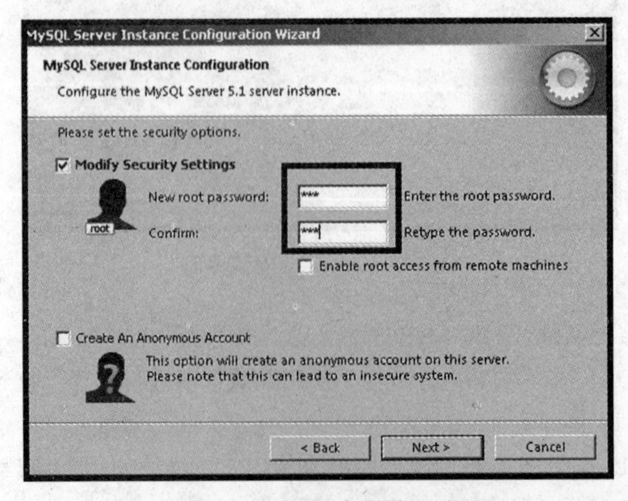

图 2-32　MySQL 密码设置界面

为用户 root 指定密码，在本书的案例项目中我们也将使用用户名 root 来访问数据库，密码即当前步骤设置的密码。直到最后一个步骤，单击 Execute 按钮，如图 2-33 所示。

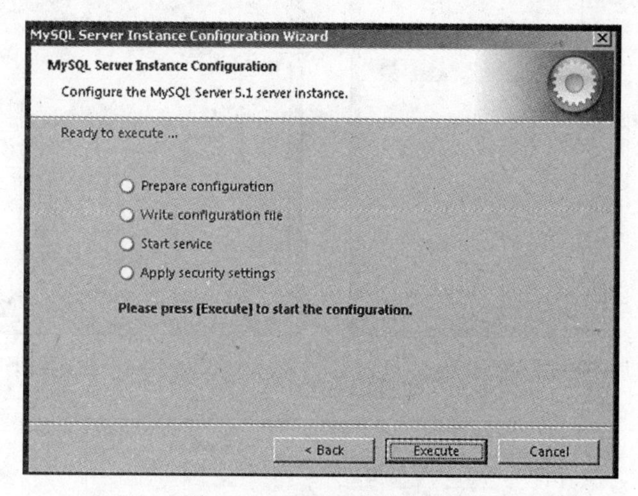

图 2-33 MySQL 执行界面

单击 Execute 按钮后，将执行相关配置任务，直到提示成功为止，如图 2-34 所示。

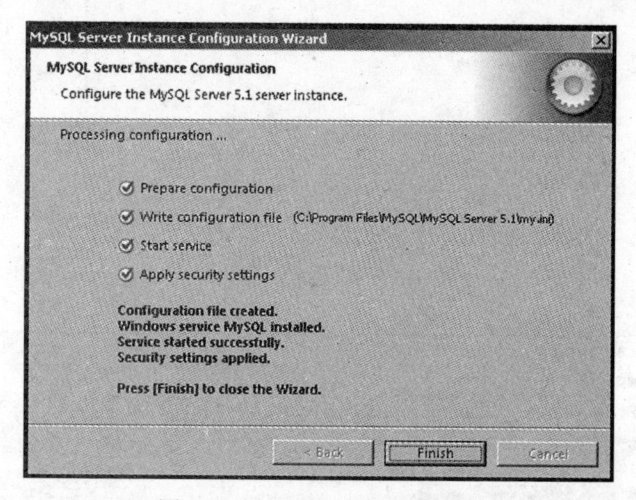

图 2-34 MySQL 安装完成界面

为了能方便地使用 MySQL 数据库，可以下载第三方的图形客户端，例如 Navicat for MySQL 就是一款常用的可视化客户端，可以通过搜索引擎搜索下载。Navicat for MySQL 软件安装包可从华章网站获取，文件夹为数据库 \Navicat_for_MySQL_10.1.7_Xia ZaiBa.exe。双击 navicat.exe 文件即启动客户端，如图 2-35 所示。

数据库名可以为空，也可以指定一个需要打开的数据库名称。单击“连接”按钮，打开图形用户界面。右键单击连接名称，即 localhost_3306，显示相关菜单，如图 2-36 所示。

单击“新建数据库”，数据名为 coursemanage，如图 2-37 所示。

右键单击数据库 coursemanage，选择“新建表”，以 teacher 数据表为例，如图 2-38 所示。

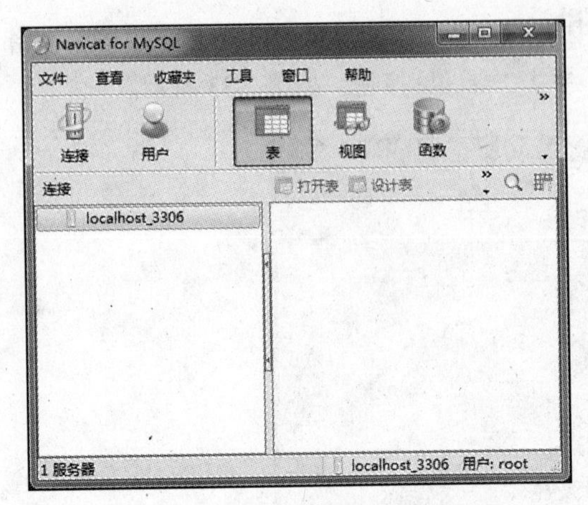

图 2-35　启动 MySQL 可视化界面

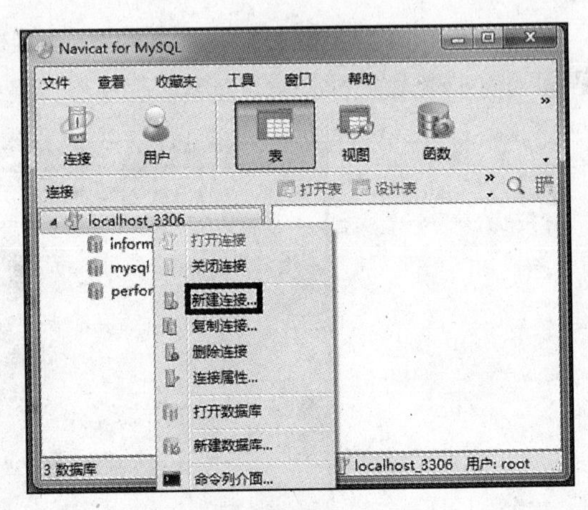

图 2-36　新建数据库（1）

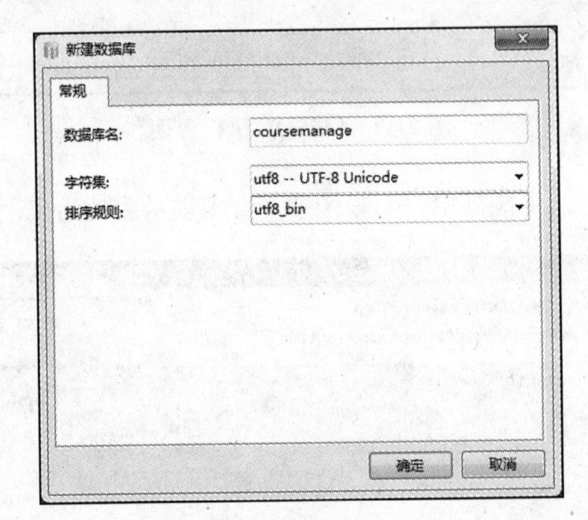

图 2-37　新建数据库（2）

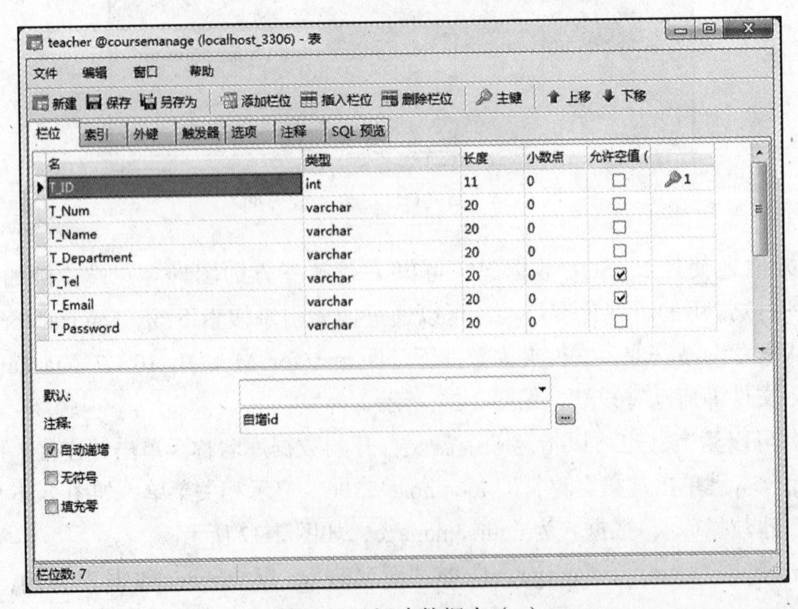

图 2-38　新建数据表（1）

其中，该表中有七个字段，其中 T_ID 是主键，添加该字段时值不能重复。单击“保存”按钮，填写表名称为 teacher，则在数据库 coursemanage 中创建表 teacher，如图 2-39 所示。

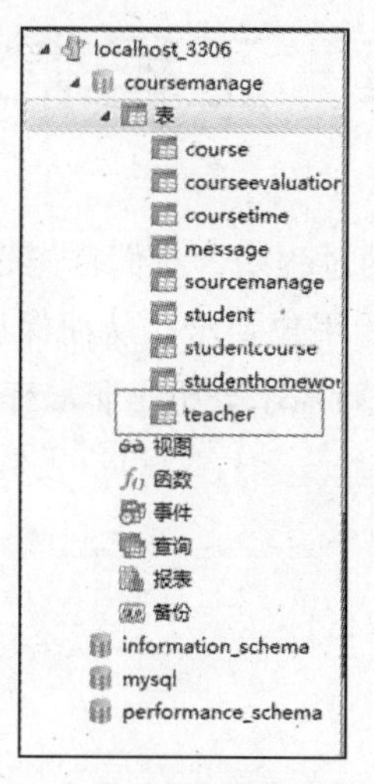

图 2-39 新建数据表（2）

右键单击表名 teacher，选择打开表菜单，可以直接在表中添加测试数据，添加后，单击“保存”按钮进行保存。

至此，已经成功搭建了开发本书案例所需要的客户端以及服务器端的开发和运行环境。

扩展练习

1. 简述 Android 平台开发环境搭建的步骤。

2.Android 模拟器的优缺点以及与真机的区别？

3. 新建基于 Google API 的模拟器 testGoogle。

4. 创建一个名为 sharecarsystem 的 MySQL 数据库（注意编码方式）。

第 3 章　工程需求分析

在进行 Android 应用软件开发的过程中，我们首先必须要清楚用户真正的需求，以使开发出的 Android 应用软件尽可能满足用户要求，从而保证后续软件开发的可靠性和有效性。因此，在开发 Android 应用软件前进行需求分析是非常有必要的。

学习重点

- 工程需求分析主要任务
- 功能需求分析方法

3.1　需求分析概述

Android 应用开发的工程需求分析主要有四大任务。

1）确定系统的综合需求：功能需求、性能需求、可靠性和可用性需求、出错处理需求、接口需求、约束需求、逆向需求、将来可能提出来的需求（可扩展性）等。

2）分析系统的数据要求：由于我们的软件系统一般都是对一系列数据或者信息进行处理，因此在软件开发的过程中，对系统运行过程中涉及的数据进行分析也是很重要的。通常我们通过对数据建模来分析，即 E-R 图。

3）导出系统的逻辑模型：在需求分析中，我们可以通过一系列的模型来导出系统的逻辑模型，以方便我们对系统有一个更加直观的了解。通常涉及的模型有：功能模型、数据模型、行为模型、算法逻辑模型等。

4）修正系统的开发计划：在可行性分析阶段的最后制定一个开发计划，在进行需求分析后，我们可以根据分析的结果对开发计划中不合理的部分进行修正。

本章中我们将以基于 Android 的课程管理系统为例，对 Android 应用程序开发进行工程综合需求分析，从功能的角度出发，分析系统功能模块，对功能模块进行简要说明。

3.2　工程功能需求分析

基于 Android 的课程管理系统是一个完整的 Android 开发项目。该项目主要实现了课程管理的智能化、高效化、便捷化，用手机软件解决了教师课堂管理的多种问题，如：费时的点到、繁琐的作业管理、困难的师生交流等问题。为了最大程度地满足高校课程管理需求，该系统提出了用户管理、课程管理、课堂点到、资源管理、课堂消息和课堂评分六个功能模块，全面完整地按照课程管理流程来实现软件功能，从课前准备、课堂考勤，到课后交互、课堂评分，简化管理流程、变革管理方式。整个系统将覆盖大部分 Android 知识点，让大家随着系统设计开发的过程，同时学习和掌握 Android 的相关知识点。系统总体功能结构图如图 3-1 所示。

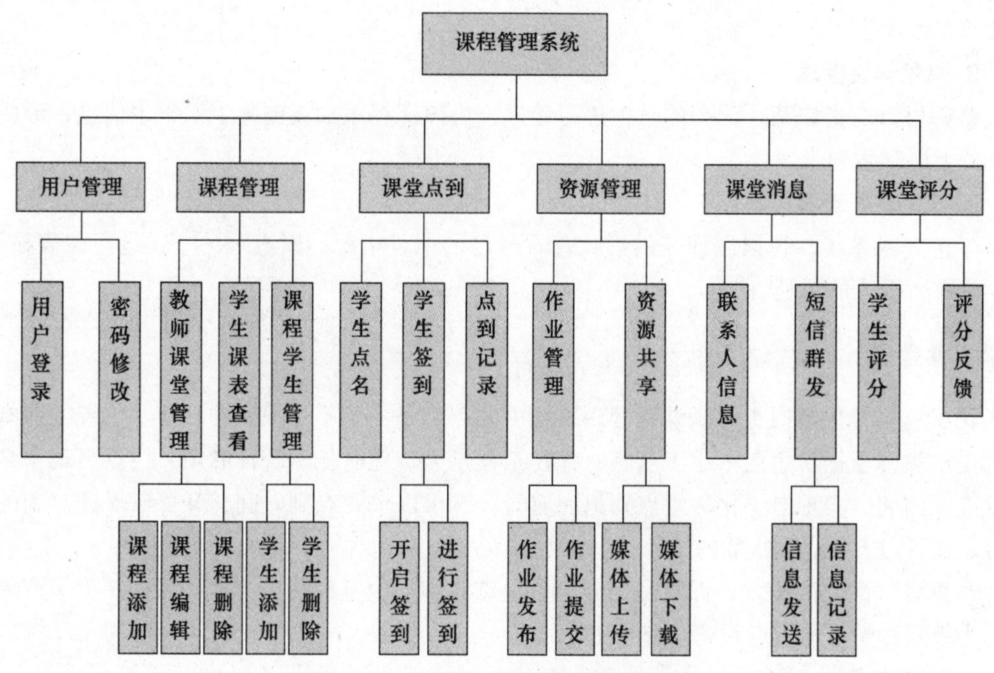

图 3-1 系统总体功能结构图

3.3 具体功能说明

3.3.1 用户管理

作为一个软件系统，用户的管理是必不可少的组成部分。作为对学生课堂进行管理的系统，该系统的使用者主要为教师和学生，因此用户管理模块主要实现了对教师和学生的管理，分为用户登录和密码修改两个子模块。

1. 用户登录

用户输入相应的登录信息（用户名、密码），根据实际情况选择用户类型（教师和学生），进行系统登录。

2. 密码修改

用户用初始密码登录系统后，可以在“设置”按钮中对密码进行修改操作。输入原密码和两次新密码，如果原密码验证通过，并且两次新密码输入一致，就能成功修改密码。

3.3.2 课程管理

作为课程管理系统中最关键的元素，对课程增删改功能的实现必不可少，因为对课程的管理是对高校课程管理的前期准备和基础。本系统通过教师用户实现课程的增删改操作，构建课程数据表，实现对所有课程的管理；并对某一课程的学生信息进行增删改操作，构建课程学生数据表，实现对所有课程学生的管理。学生用户则可通过课程管理查看自己的课表情况。

课程管理根据用户类型和需求可分为：教师课程管理、课程学生管理和学生课表查看。

1. 教师课程管理

教师登录系统，能够查看所上课程的课程列表，可以对所授课程信息进行添加、删除、修改等基本操作。

2. 课程学生管理

教师可以对选修某一课程的学生进行管理，为该课程添加或删除上课学生信息，形成该课程的上课学生列表。

3. 学生课表查看

学生登录系统，可以以课表的形式查看自己的课程情况，以直观的方式进行课表显示，给学生带来极大的便利。

3.3.3 课堂点到

为了监督学生准时上课，课程管理系统中的点到是一个不可缺少的环节。传统的课堂点到都是由教师根据学生名单手工点名，存在工程量大、耗时长、统计麻烦、代点名现象频繁等缺点。因此，实现电子化课堂点到迫在眉睫，既可以节省点到时间，又可以保证点到的准确性，还可以方便点到次数的统计。

根据教师的实际需求，课堂点到分为学生点名和学生签到两种方式。另外，为了方便起见，为教师和学生提供点到记录查看功能。

1. 学生点名

学生点到与传统点到方式类似，主要是通过教师选择需点到的课程，系统自动生成点到名单，教师根据名单进行点名，系统自动更新点到数据。

2. 学生签到

学生签到主要是由学生自主完成。教师只需根据实际情况，选择课程，设定签到时间，即可开启学生签到功能；学生登录系统，进入签到模块进行签到。签到数据会反馈到服务器上进行更新处理。

3. 点到记录

教师和学生都可以登录系统查看点到记录。教师可以看到所有课程下所有学生的到课情况，而学生可以查看自己所有课程的到课情况。

3.3.4 资源管理

随着手机软件市场的日益火爆，通过手机进行资源管理成为一种趋势。另一方面，现今高校走班式上课形式的普及，课后作业管理、资源共享成为课程管理的一大难题。为顺应趋势、解决现实难题，需要设置课程资源管理模块，将课程中的资源分为作业资源和多媒体资源。资源管理是对课程管理在课后的延续，主要实现作业管理和资源共享。通过资源管理，教师和学生可以随时随地地管理作业和共享课堂的相关多媒体资源。

1. 作业管理

作业管理主要实现课堂作业资源的管理。教师可以对某一课堂进行作业发布、查看以及下载；而学生能够查看作业情况，下载课堂作业，并提交作业资源以便教师批阅。作业管理是对作业手机化的实现，可以通过手机直接完成课堂作业，便捷高效。

2. 资源共享

资源共享为教师和学生提供了一个共享平台，学生和教师可以把课堂上发生的有意思的照片、视频和音频等多媒体资源上传到服务器，方便学生和教师查看和下载。课堂上的每个人都可以进行资源共享，通过多媒体文件实现交流。

3.3.5 课堂消息

高校中，由于上课人数多、选课自由、上课地点不确定等因素，一旦出现教师请假没有办法上课的情况，就很可能因无法联系到学生通知课程取消而造成问题。课堂消息模块可以很好地解决这一问题。教师只需选择课程班级，通过数据库查询到上课同学的联系方式，编辑短信内容，即可将短信通知到每个学生的手机上。

1. 联系人信息

对于教师而言，一个教师可能同时上多门课程，每门课程又有多名学生选修，直接发送通知，会出现联系人混乱的问题。因此，需要为教师提供联系人查看列表，把学生按照课程进行分类，方便教师进行管理。该功能非常类似 QQ 联系人列表。

2. 短信群发

教师可以选择整个课程班级的学生作为消息接收者，编辑消息内容后，对所有学生进行短信群发。这样教师就无需把所有学生的号码都保存在手机上，通过服务器数据库即可实现短信通知。

3.3.6 课堂评分

课程结束后，学生需要对该课堂进行评分，以便教师了解自己的上课效果，方便教师对后期的上课方式作出相应的调整。课堂评分就实现了这一功能。学生能够通过系统对已经完成的课程进行课堂评分，教师则通过系统可以查看到评分统计的结果。从流程和用户来看，课堂评分可分为学生评分和评分反馈。

1. 学生评分

学生可以在指定时间内，选择需评分的课程，根据系统显示的问题进行评分，还可以对教师的课程给出相关的建议。

2. 评分反馈

评分时间截止后，服务器统计所有同学的评分结果，在教师客户端以图形（饼图、直方图等）形式直观地进行结果显示，还可以查看学生对课程的建议。

扩展练习

1. 软件需求分析的步骤是什么？
2. 软件设计需求分析原则是什么？
3. 简要说明需求获取活动的过程。
4. 需求案例分析

背景：随着我国私家车数量的不断增加，私家车资源的浪费这一问题日益受到关注，“拼车”这一概念也应运而生。以私家车车主和拼友作为主要用户，基于 Android 系统提出的私家车拼车交互系统，有效地实现了一个科学、合理、操作性强的私家车“拼车”方案。系统主要用户为私家车车主和拼友。用户可以实现系统注册和登录、发布拼车信息、查看别人的拼车信息、即时聊天以及个人信息设置等功能。

第 4 章　工程数据分析

软件应用系统一般都要对数据进行处理，因此对系统运行过程中涉及的数据进行分析也是很重要的。通常我们通过对数据进行建模来分析，即使用 E-R 图来处理。

学习重点

- 数据库概念
- 数据库表设计
- E-R 图

4.1　数据库概述

数据库是指长期存储在计算机内、有组织、可共享的数据集合。简而言之，数据库就是一个存储数据的地方。数据库就像一个容器，里面放置了数据表、视图、索引、存储过程等数据库对象。本书涉及的课程管理系统中就使用了名为 CourseManage 的数据库，用于存储系统各相关联的数据集合。

数据库表是最重要的数据库对象，是数据库存储数据的基本单位。一个表由若干个字段组成。例如，基于 Android 的课程管理系统中，课程信息就是最重要的数据内容，我们为它建立一个课程表 Course 用于课程信息的存储。Course 表中包含课程编号、课程名称等信息。课程编号、课程名称等就是这个表中的字段，可以根据这些字段来找到课程的相应信息。

简而言之，数据库是用来保存数据的，而数据库中所有数据都是存在表中。如果没有数据库的表所提供的结构，数据的存储任务是不可能完成的。

表关系定义了不同表之间的相互联系。不同的数据库表可以通过表关系来建立联系，实现关联。常见的形式有一对一、一对多、多对多。例如，一个教师对应多门课程，那么教师表和课程表就存在一对多的关系，需要在课程表 Course 中添加教师表 Teacher 的外键，实现一对多的表关系。

4.2　系统数据库设计

4.2.1　数据库分析

本系统作为基于 Android 的课程管理系统，需要实现用户管理、课程管理、课堂点到、资源管理、课堂消息、课堂评分等功能，实现课堂内外的管理。

根据系统使用对象的分析，我们需要创建“教师表”和“学生表”两个用户表，用于存储教师和学生的基本信息。

根据系统功能需求分析中的课程管理需求，我们需要创建“课程表”；由于同一个课程对应着多个上课时间，需要创建“课程时间表”用于存储课程和时间之间的关系；而学生用户和课程之间存在着多对多的关系，需要创建“学生课程关系表”用于记录学生和课程之间的对应关系。

根据课堂点到功能需求，需要创建“用户位置信息表”，用于存储用户签到时的地理位置信息，便于课堂点到判断。

根据资源管理功能需求，用户会上传 / 下载一些作业文件或者多媒体资源文件，则需要创建“学生作业表”、“资源管理表”，用于存储资源文件的相关信息。

根据课堂消息功能需求，需要创建“消息表”用于记录用户间消息发送内容。

根据课堂评分功能需求，需要创建“课堂评分表”，用于存储学生对课堂评分信息。

4.2.2 数据库设计

在 4.2.1 节分析的基础上再进行细化，根据实际情况设计系统数据库，具体数据库表及表字段如表 4-1 ~ 表 4-10 所示。

表 4-1 教师表 Teacher

属性名	类　型	说　明
T_ID	Int	自增 id，主键
T_Num	Varchar(20)	教师工号
T_Name	Varchar(20)	教师姓名
T_Department	Varchar(20)	所在院系
T_Tel	Varchar(20)	教师联系方式
T_Email	Varchar(20)	教师邮箱
T_Password	Varchar(10)	教师密码

表 4-2 学生表 Student

属性名	类　型	说　明
S_ID	Int	自增 id，主键
S_Num	Varchar(20)	学生学号
S_Name	Varchar(20)	学生姓名
S_Sex	Varchar(2)	性别
S_Department	Varchar(20)	所在院系
S_Class	Varchar(20)	学生班级
S_Tel	Varchar(20)	学生号码
S_Email	Varchar(20)	学生邮箱
S_Password	Varchar(10)	学生密码

表 4-3 课程表 Course

属性名	类　型	说　明
C_ID	Int	自增 id，主键
C_T_ID	Int	教师 id，外键
C_Num	Varchar(20)	课程号（用于给老师区分同一门课）
C_Name	Varchar(20)	课程名称
C_Flag	Tinyint(1)	是否开启签到模式
C_PointTotalNum	Int	点到次数

表 4-4　课程时间表 CourseTime

属性名	类　型	说　明
CT_ID	Int	自增 id，主键
CT_C_ID	Int	课程 id，外键
CT_WeekNum	Int	上课周数
CT_WeekChoose	Int	单周 / 双周 / 全部
CT_WeekDay	Int	星期几
CT_StartClass	Int	课程开始节数
CT_EndClass	Int	课程结束节数
CT_Address	Varchar(20)	上课地点

表 4-5　学生课程关系表 StudentCourse

属性名	类　型	说　明
SC_ID	Int	自增 id，主键
SC_S_ID	Int	学生 id，外键
SC_C_ID	Int	课程 id，外键
SC_PointNum	Int	学生到课次数
SC_PointTotalNum	Int	课程总点到次数

表 4-6　用户位置信息表 Location

属性名	类　型	说　明
T_ID	Int	主键
T_C_ID	Int	课程 id
latitude	Varchar(100)	经度
longitude	Varchar(100)	纬度

表 4-7　学生作业管理表 StudentHomework

属性名	类　型	说　明
SH_ID	Int	自增 id，主键
SH_SM_ID	Int	资源管理 id，外键
SH_S_ID	Int	学生 id，外键
SH_Name	Varchar(50)	作业名称
SH_DateTime	Datetime	上传时间
SH_Path	Varchar(200)	存储位置
SH_Score	Int	作业分数

表 4-8　资源管理表 SourceManage

属性名	类　型	说　明
SM_ID	Int	自增 id，主键
SM_C_ID	Int	课程 id，外键
SM_Name	Varchar(50)	资源名称（作业 + 媒体）
SM_Type	Int	资源类型（0：作业，1：媒体）
SM_DateTime	Datetime	资源上传时间
SM_Path	Varchar(100)	资源存储位置
SM_Uploader	Varchar(20)	上传者

表 4-9　消息表 Note

属性名	类　型	说　明
N_ID	Int	自增 id，主键
N_T_ID	Int	教师 id，外键
N_Receive	Varchar(200)	消息接受方
N_Content	Varchar(300)	消息内容
N_Datetime	Datetime	发送时间

表 4-10　课堂评分表 CourseEvaluation

属性名	类　型	说　明
CE_ID	Int	自增 id，主键
CE_C_ID	Int	课程 id，外键
CE_S_ID	Int	学生 id，外键
CE_WeekNum	Int	课堂评分周数
CE_Question1	Int	问题 1 分数
CE_Question2	Int	问题 2 分数
CE_Question3	Int	问题 3 分数

4.3　数据库 E-R 图

数据库 E-R 图提供了表示实体、属性和联系的方法，直观地展示了各个表之间的关联关系。本系统中设计的各数据库表关系 E-R 图如图 4-1 所示。

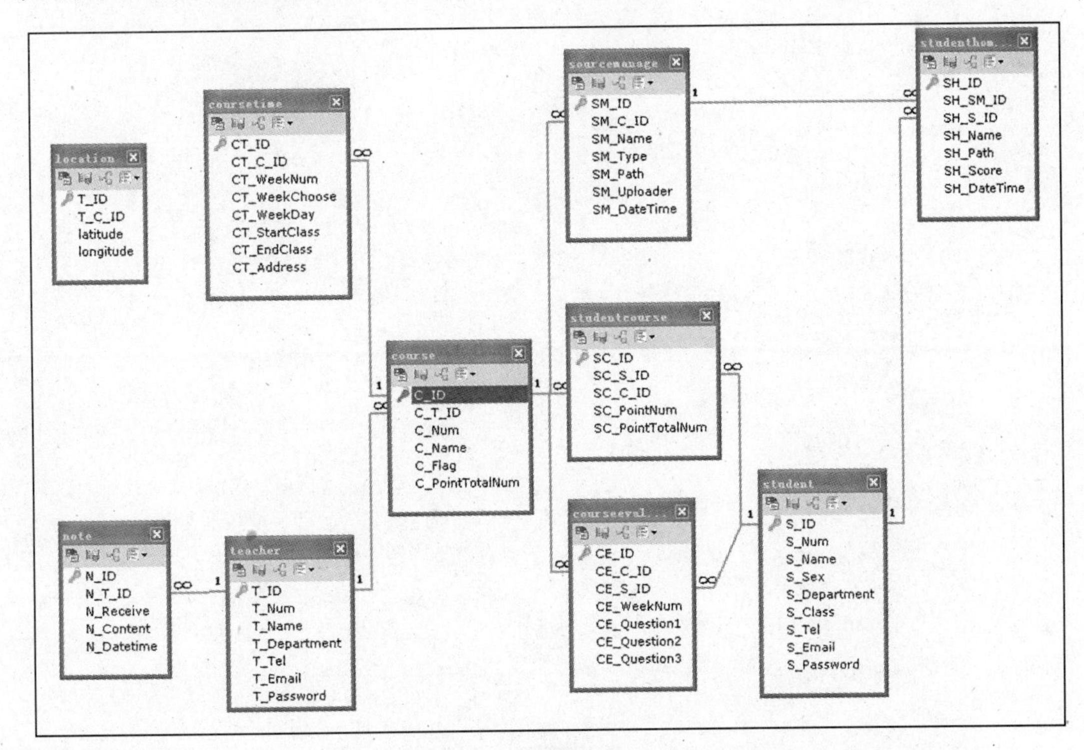

图 4-1　数据库关系 E-R 图

扩展练习

1. 什么是视图，其主要特点是什么？

2. 简述数据库系统的特点。

3. 关系的完整性有哪些？用实例解释。

4. 设某汽车运输公司数据库中有三个实体集。

一是“车队”实体集，属性有车队号、车队名等；二是“车辆”实体集，属性有牌照号、厂家、出厂日期等；三是“司机”实体集，属性有司机编号、姓名、电话等。

车队与司机之间存在“聘用”联系，每个车队可聘用若干司机，但每个司机只能应聘于一个车队，车队聘用司机有“聘用开始时间”和“聘期”两个属性；

车队与车辆之间存在“拥有”联系，每个车队可拥有若干车辆，但每辆车只能属于一个车队；

司机与车辆之间存在着“使用”联系，司机使用车辆有“使用日期”和“公里数”两个属性，每个司机可使用多辆汽车，每辆汽车可被多个司机使用。

（1）请根据以上描述，绘制相应的E-R图，并直接在E-R图上注明实体名、属性、联系类型；

（2）将E-R图转换成关系模型，画出相应的数据库模型图，并说明主键和外键。

5. 为基于Android私家车拼车系统设计数据库各个表，并给出相应的E-R图。

第 5 章　工程框架搭建

本书中的案例（基于 Android 的课程管理系统）是一个 Android 客户端和 Java 服务器端相结合的应用工程，要实现该工程开发，首先需要搭建工程框架。本章将详细介绍客户端和服务器端框架搭建步骤，并实现客户端和服务器端之间的数据交互。

学习重点

- Android 工程搭建
- Android 静态界面实现
- 服务器端 SSH 框架的配置
- 服务器端和客户端的数据交互
- JSON 的使用
- 异步 HTTP 的网络通信

5.1　搭建工程基本结构

该案例需要两个工程，客户端是一个 Android 工程，服务器端是一个 JavaEE Web 工程。本节先介绍如何搭建工程基本结构。

5.1.1　客户端 Android 工程搭建

打开 ADT，单击 File → New → Android Application Project，如图 5-1 所示。

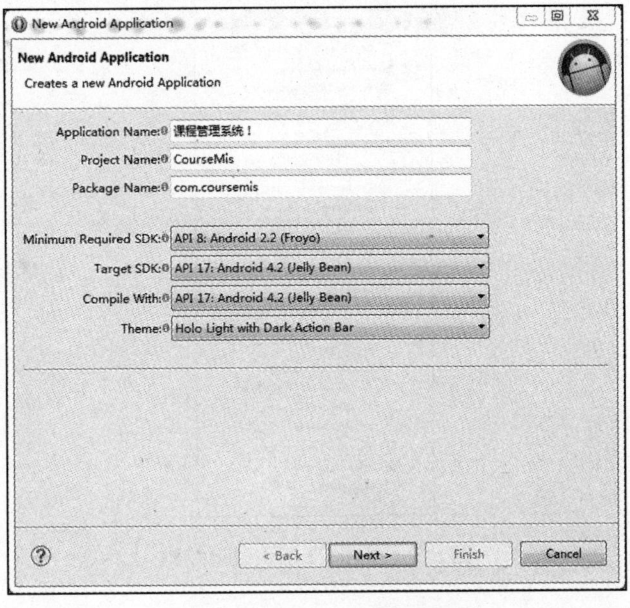

图 5-1　Android 工程新建界面

其中，Application Name 将显示在应用中，Project Name 显示在 ADT 的工作空间中。使用默认设置，直到最后一个界面，单击 Finish 按钮。

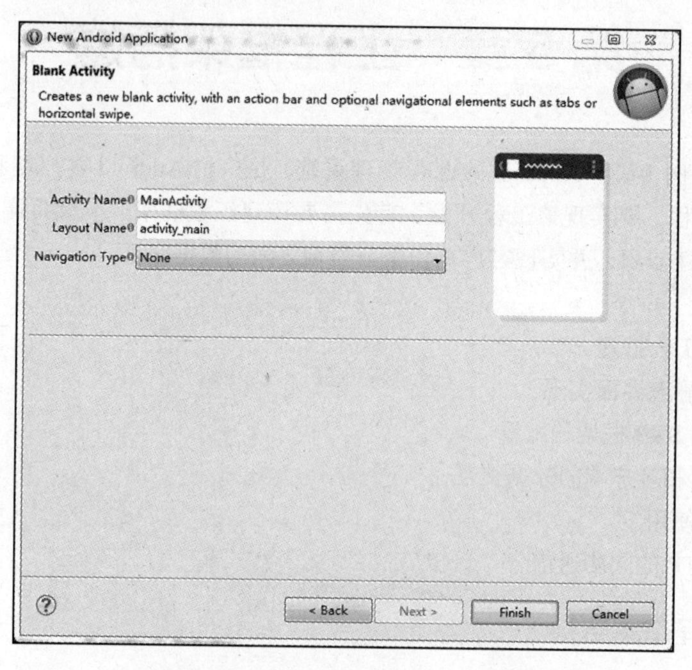

图 5-2　Android 工程创建 Activity 界面

图 5-2 中的 Activity Name 是当前要创建的 Activity 组件名称，Layout Name 是当前的 Activity 使用的布局文件名称。单击 Finish 后，在 ADT 中将创建一个 Android 工程，名称为 CourseMis，目录结构如图 5-3 所示。

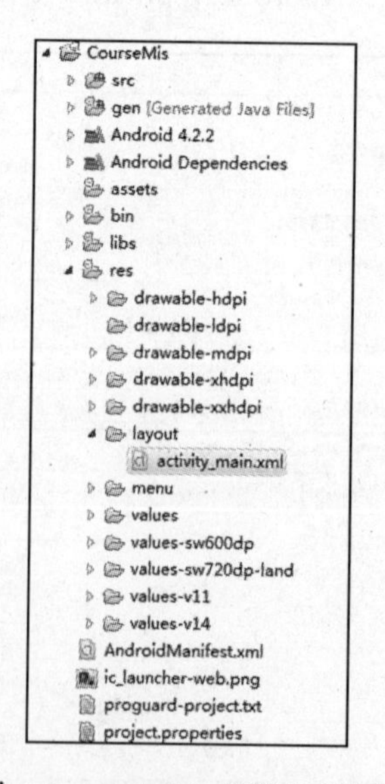

图 5-3　Android 工程目录结构

打开 activity_main.xml，显示效果如图 5-4 所示。

“Hello world！”文字是在 res\values\strings.xml 中定义的，可修改其中的值。下面的例子将“Hello world！”改为“课程管理系统！”。

程序清单：05/5.1/client/coursemis/src/res/values/strings.xml

```
<string name="hello_world">课程管理系统！</string>
```

则 activity_main.xml 的显示结果如图 5-5 所示。

图 5-4　activity_main.xml 显示效果

图 5-5　修改后的 activity_main.xml 显示效果

右键单击工程名称 CourseMis，选择运行 Android Application，如图 5-6 所示。

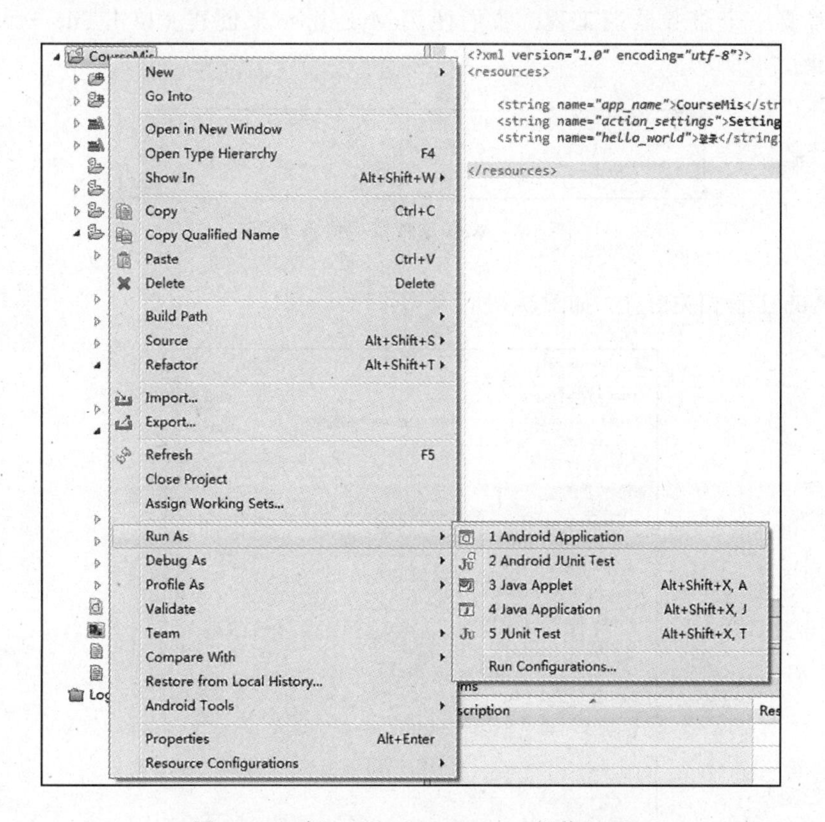

图 5-6　运行 Android Application 操作界面

将启动配置好的虚拟设备 AVD，运行该应用，如图 5-7 所示。

图 5-7　模拟器运行效果界面

通过本节的练习，读者应熟悉创建运行 Android 应用的过程，以及 Android 工程的主要结构。现阶段工程文件可从华章网站下载（教材源代码 \ 分章节代码 \05\5.1\client\CourseMis）。

5.1.2　服务器端 Web 工程搭建

本例需要一个服务器端工程，我们使用 MyEclipse 来创建。单击 File → New → Web Project，如图 5-8 所示。

图 5-8　Web 工程搭建操作界面

填写 Web 工程相关信息，如图 5-9 所示。

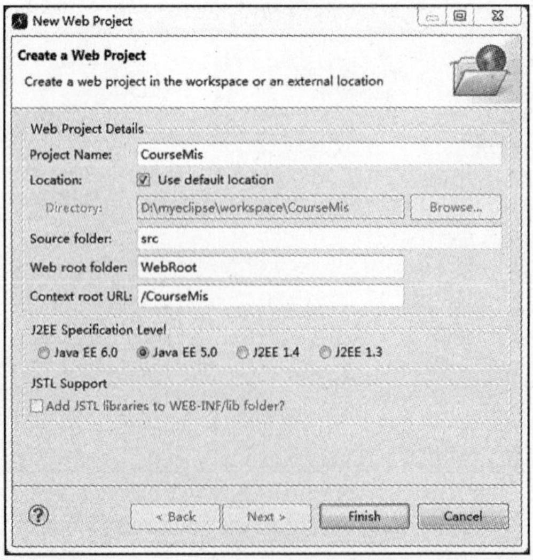

图 5-9　Web 工程相关信息填写界面

指定 Web 工程名称为 CourseMis。一个 Web 工程必须发布到应用服务器才能运行，如图 5-10 所示。

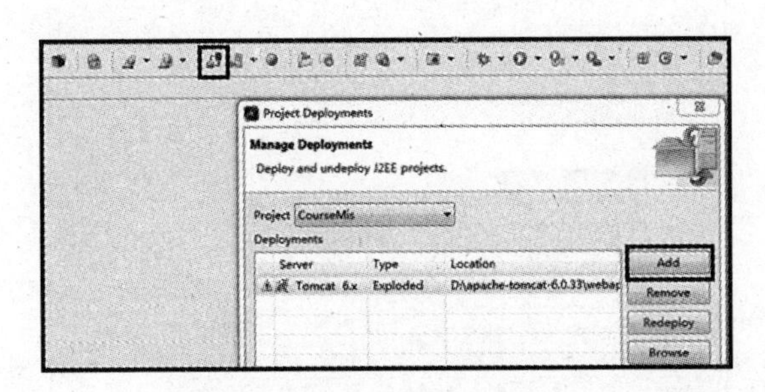

图 5-10　Web 工程添加服务器

单击“配置”按钮，然后单击 Add 按钮，将工程 CourseMis 添加到配置好的 Tomcat6 上，显示配置成功即可。如果以后修改，只需要单击 Redeploy 按钮，不需要再次添加。配置成功后，启动 Tomcat，并在浏览器中输入 http://localhost:8080/CourseMis 进行测试，显示如图 5-11 所示。

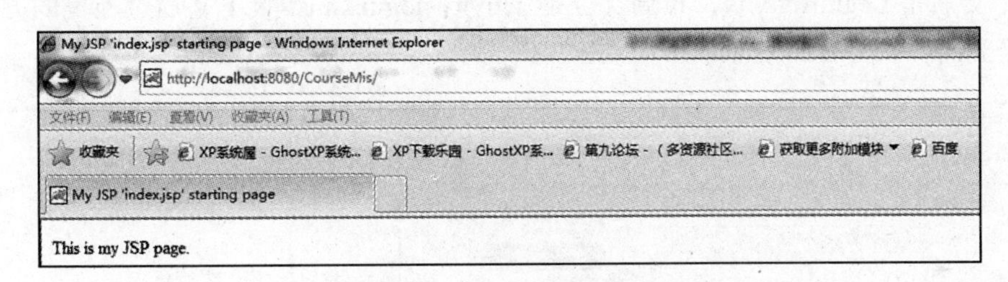

图 5-11　Web 工程测试界面

目前，CourseMis 中并没有编写其他代码，所以只能浏览默认提供的 index.jsp。本节主要介绍熟练使用 MyEclipse 创建并配置一个 Web 工程的步骤。阶段性工程文件可从华章网站下载（教材源代码 \ 分章节代码 \05\5.1\server\CourseMis）。

5.2　实现 Android 静态界面

这里，我们将以系统用户登录功能模块来进行介绍。搭建了两个基本的工程后，先实现静态的 Android 界面。Android 应用需要三个 Activity，即主页面 MainActivity、登录界面 LoginActivity 及登录成功界面 WelcomeActivity。如果登录失败，则跳转到 LoginActivity。

5.2.1　实现 LoginActivity 并通过 MainActivity 跳转

本节将主要练习创建 Activity 的过程，拖曳产生 UI 的方法以及在 Activity 之间跳转的方式。

在 src 下右击，依次按照 New → Other → Android → Android Activity，创建 LoginActivity，如图 5-12 所示。

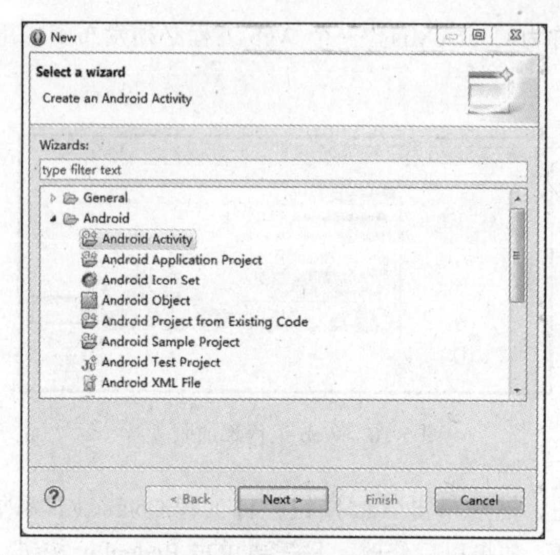

图 5-12　创建 Android Activity

在详细信息界面指定相关信息，如图 5-13 所示。

其中类名是 LoginActivity，布局文件是 activity_login.xml。接下来通过拖曳的方式实现简单登录界面，如图 5-14 所示。

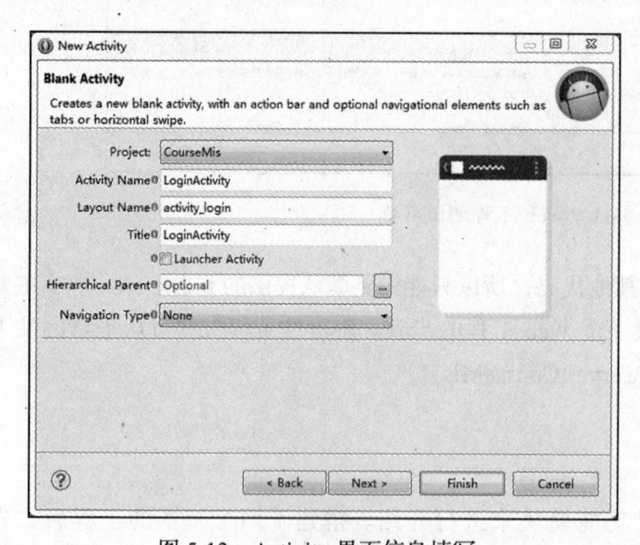

图 5-13　Activity 界面信息填写

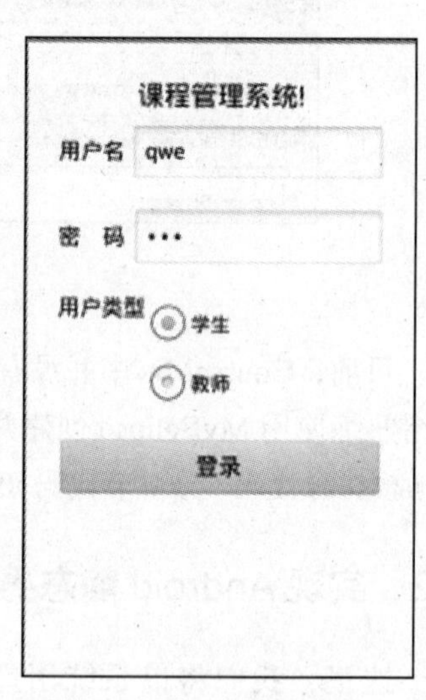

图 5-14　登录界面效果

接下来需要实现单击 MainActivity 中的“课程管理系统！”文本，跳转到 LoginActivity 界面的功能。为了能够对“课程管理系统！”文本注册监听，首先需要对其指定 id 值。修改 activity_main.xml 文件，对 TextView 增加 id 值，如下所示：

程序清单：05/5.2/client/CourseMis/res/layout/activity_main.xml

```
<TextView
        android:id="@+id/logintext"
        android:layout_width="wrap_content"
        android:layout_height="wrap_content"
        android:text="@string/hello_world" />
```

其中，“课程管理系统!”文本的id值为logintext。接下来修改MainActivity源代码，在onCreate中加入如下代码。

程序清单：05/5.2/client/CourseMis/src/com/coursemis/MainActivity.java

```
@Override
    protected void onCreate(Bundle savedInstanceState) {
        super.onCreate(savedInstanceState);
        setContentView(R.layout.activity_main);

//      获取登录文本组件，并注册监听
        TextView logintext=(TextView) this.findViewById(R.id.logintext);
        logintext.setOnClickListener(new View.OnClickListener(){
            @Override
            public void onClick(View v) {
                //TODO Auto-generated method stub
                //跳转到 LoginActivity
                Intent intent=getIntent();
                intent.setClass(MainActivity.this,LoginActivity.class);
                MainActivity.this.startActivity(intent);
            }
        });
}
```

上述代码中，首先通过findViewById方法获得id值为logintext的文本组件，然后对该组件注册监听，重写onClick方法。在该方法中，使用Intent对象跳转到LoginActivity界面。运行Android工程，单击首页面的文本，则跳转到登录界面。

5.2.2 实现WelcomeActivity并通过LoginActivity跳转

登录成功后，将从LoginActivity跳转到欢迎页面WelcomeActivity中。本节将创建WelcomeActivity，并实现跳转。创建过程参考5.2.1节。

修改activity_login.xml文件，对按钮指定id值，如下所示。

程序清单：05/5.2/client/CourseMis/res/layout/activity_login.xml

```
<Button
        android:id="@+id/login"
        android:layout_width="match_parent"
        android:layout_height="wrap_content"
        android:layout_alignLeft="@+id/textView2"
        android:layout_below="@+id/radioButton2"
        android:layout_marginTop="33dp"
        android:text="登录" />
```

通过上述配置，指定按钮的id值是login。接下来修改LoginActivity中的onCreate方法，对按钮login进行注册，如下所示。

程序清单：05/5.2/client/CourseMis/src/com/coursemis/LoginActivity.java

```
protected void onCreate(Bundle savedInstanceState) {
        super.onCreate(savedInstanceState);
        setContentView(R.layout.activity_login);
        Button login=(Button) this.findViewById(R.id.login);
          login.setOnClickListener(new View.OnClickListener() {
              @Override
              public void onClick(View v) {
                  // TODO Auto-generated method stub
                  Intent intent=getIntent();
                  intent.setClass(LoginActivity.this, WelcomeActivity.class);
                  LoginActivity.this.startActivity(intent);
              }
          });
}
```

再次运行工程，单击主界面的“登录”文字，跳转到 LoginActivity，接着单击“登录”按钮，跳转到 WelcomeActivity。

本节并没有实现真正的登录验证，只是实现界面跳转，熟悉相关逻辑。该阶段的 Android 工程可从华章网站下载（教材源代码 \ 分章节代码 \05\5.2\client\CourseMis）。

5.3 实现服务器端登录验证数据逻辑

客户端的 Activity 界面已经实现，要实现真正的登录功能，需要把用户输入的信息传到服务器端，然后由服务器端程序连接数据库，进行验证。本节先不考虑如何把客户端信息传递到服务器端，只关注服务器端登录功能的实现，也就是说获得用户名和密码后，能够连接到数据库进行校验。服务器端使用 Struts、Hibernate、Spring 框架实现。

5.3.1 在 MyEclipse 中配置 DB Browser

本案例的服务器端负责把用户输入的用户名和密码提交到数据库中进行校验，数据访问部分使用 Hibernate 实现。

数据库使用 MySQL 数据库，首先需要把数据库的 JDBC 驱动包引入当前工程，以便能连接到数据库。驱动包可以通过搜索引擎搜索下载。右击工程名称，选择 properties → Java Build Path → Libraries → Add External Jars，到硬盘上选择下载到的驱动程序 jar 包，如图 5-15 所示。

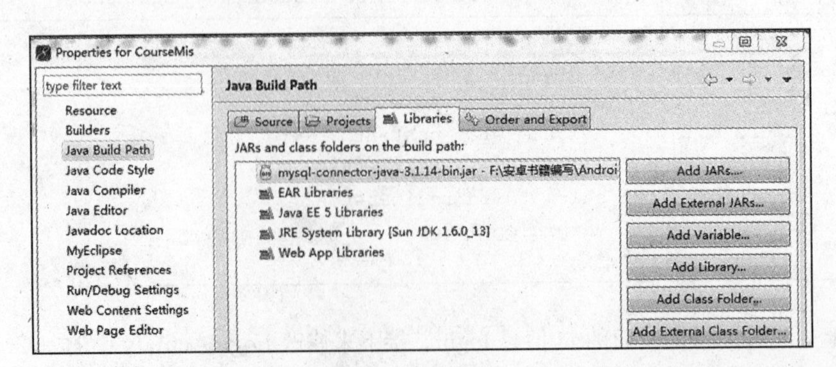

图 5-15 jar 包的导入

为了能够方便使用 Hibernate，首先需要在 MyEclipse 中配置 DB Browser。

单 击 Window → show view → other → MyEclipse Database → DB Browser， 将 打 开 DB Browser 视图，在视图空白处单击右键，选择 new，则如图 5-16 所示的窗口。

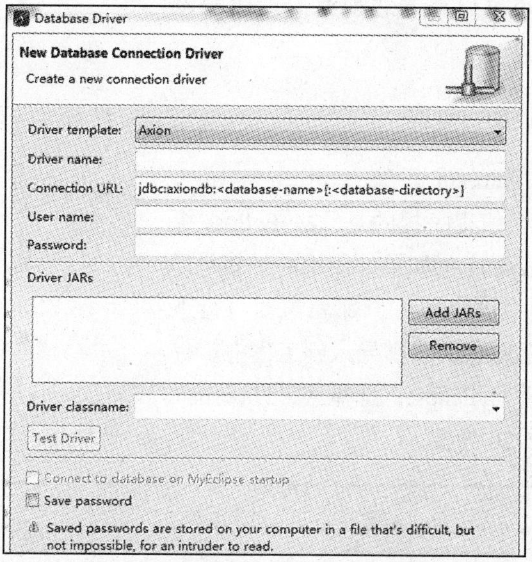

图 5-16　MyEclipse Database 新增

根据目前使用数据库的实际情况，修改相关配置，如图 5-17 所示。

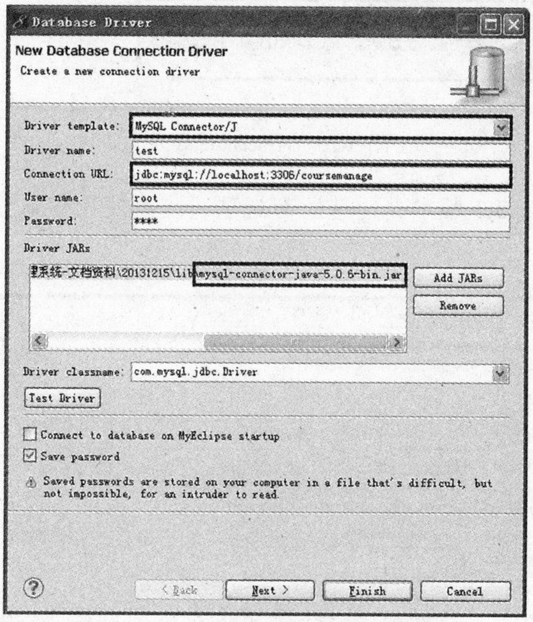

图 5-17　MyEclipse Database 配置

按照图 5-17 中的配置，将连接到本机名称为 coursemanage 的数据库。配置成功后，在 DB Browser 中将显示名字为 test 的连接名称，如图 5-18 所示。

右击 test，选择 open connection，则显示数据库 coursemanage 的结构，如图 5-19 所示。

可见，目前能够在 MyEclipse 中查看数据库 coursemanage 的结构，也可以查看之前我们创建的表 teacher。

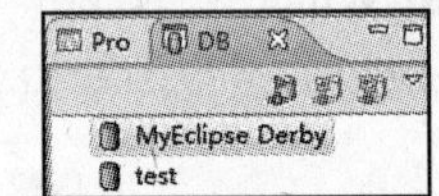

图 5-18　DB Browser 数据库列表

5.3.2　在工程中导入 Hibernate 库

为了能够使用 Hibernate 框架，还需要导入 Hibernate 框架的资源库。值得一提的是，MyEclipse 提供了大多数常用框架的资源库，如果你使用的是其他开发工具，或许没有直接提供资源库，那就需要自行下载，然后按照上节导入驱动包的步骤导入到工程中。

右击工程名称，选择 MyEclipse，选择 Add Hibernate Capabilities，显示如图 5-20 界面。

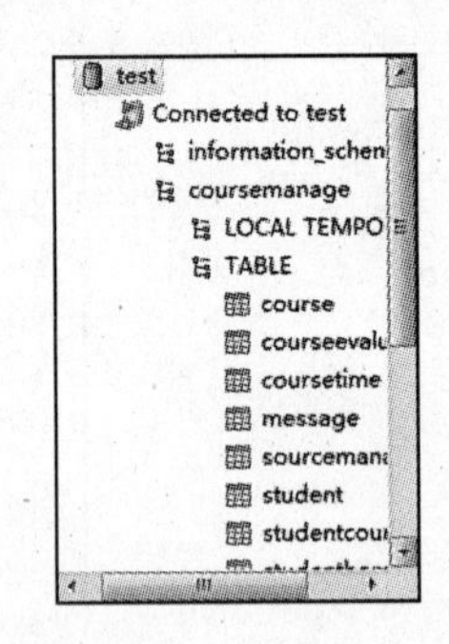

图 5-19　数据库 coursemanage 结构图

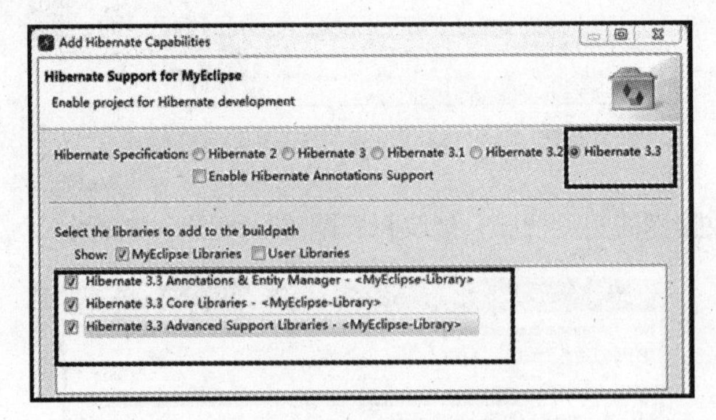

图 5-20　Hibernate 导入

选择使用 Hibernate 3.3 版本，勾选所有选项，一直使用默认选项，直到出现图 5-21 所示界面。

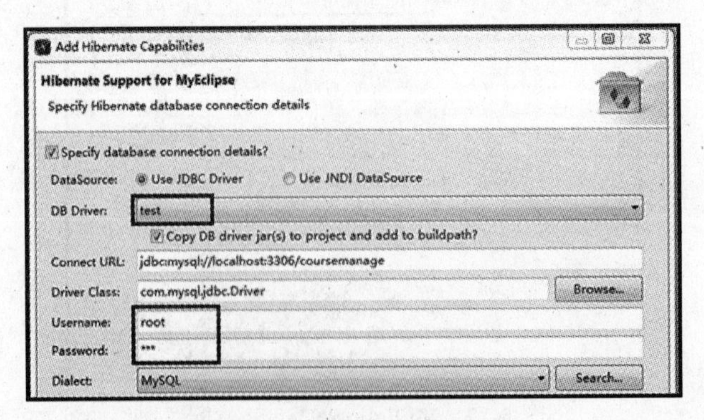

图 5-21　Hibernate 选项设置

选择使用 DB Driver 名字是 test，就是上一节在 DB Browser 中配置的连接名称。确认用户名密码信息完整正确。在如下界面中（如图 5-22 所示）指定是否需要 MyEclipse 创建一个辅助类，选择不需要。

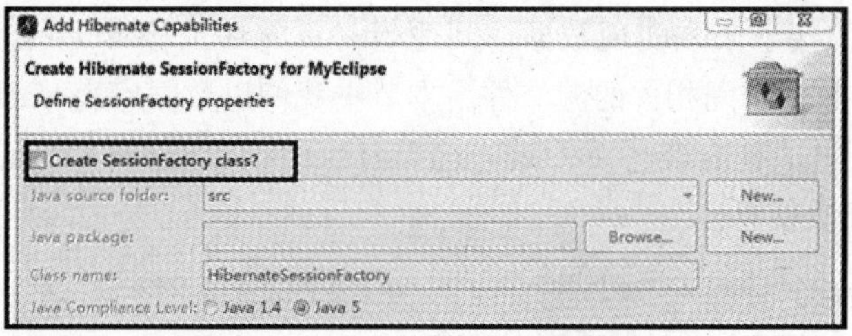

图 5-22　Hibernate 辅助类设置

至此，工程中已经做好了可以使用 Hibernate 框架的准备。

5.3.3　导入 Spring 资源库

本案例的服务器端使用 Spring 框架进行整合。Spring 在整合 Hibernate 框架时，将使用到连接池的概念。本案例中使用的 dbcp 连接池，首先需要导入 dbcp 的 jar 文件，可以通过搜索引擎下载，如图 5-23 所示。

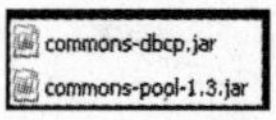

图 5-23　dbcp 的 jar 文件

要使用 Spring 框架，首先需要导入 Spring 资源库。过程与导入 Hibernate 框架一样，右击工程名称，选择 MyEclipse，选择 Add Spring Capabilities，显示如图 5-24 所示界面。

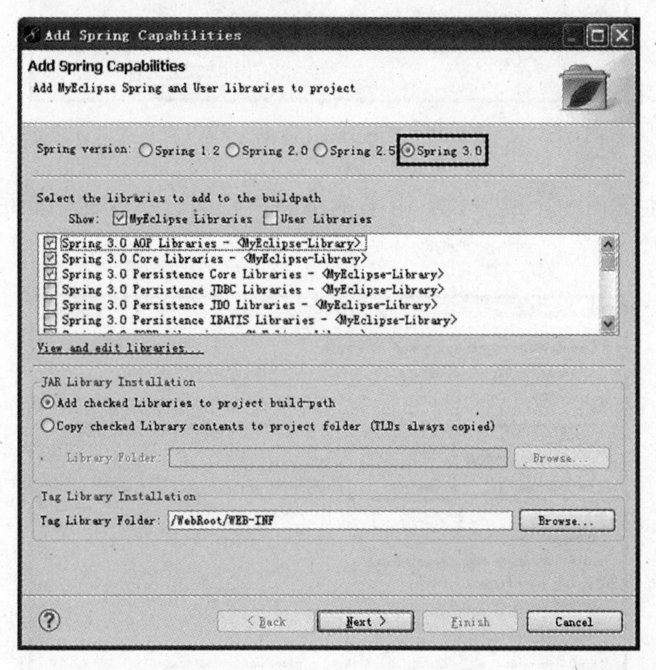

图 5-24　导入 Spring 资源库

Spring 框架的资源库较多，可以根据需要选择。目前选择的有 AOP、Core、Persistence Core、J2EE、Web 资源库。接下来使用默认配置即可，将生成配置文件 applicationContext.xml，这个文件非常重要。

5.3.4 使用 Hibernate 逆向工程

做好了准备后，接下来先实现数据访问逻辑。首先在工程 src 下创建包 com.coursemis.model，用来存放与数据访问相关的源文件。本节中我们以数据库表 teacher 为例进行解释说明。在 DB Browser 中，右击表名 teacher，选择 Hibernate Reverse Engineering，在如图 5-25 所示的界面中填写相关信息。

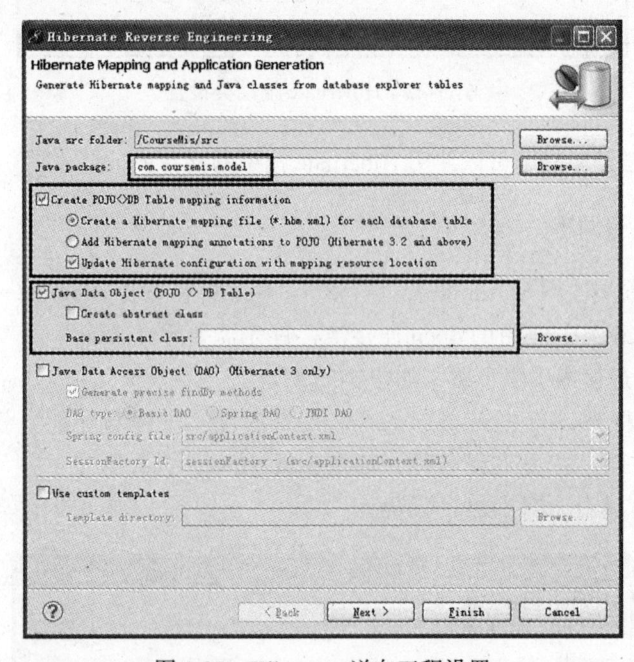

图 5-25 Hibernate 逆向工程设置

接下来指定主键值的生成方式，由于主键是用户名，所以使用赋值的方式生成，如图 5-26 所示。

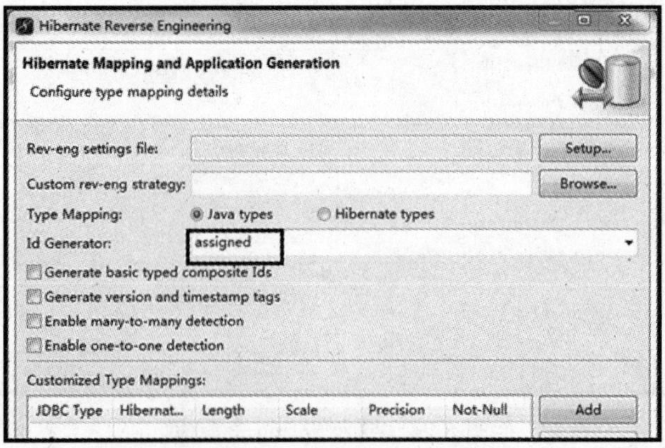

图 5-26 主键值生成方式选择

由于本书中涉及的数据库中存在多个数据库表，因此，需要把所有数据库表按照 teacher 表的方式生成相关源文件。

5.3.5 创建 ITeacherDAO 接口以及实现类

接下来在 com.coursemis.dao 包下创建接口 ITeacherDAO，定义数据访问逻辑。由于本章中以用户登录功能为例进行介绍，所以数据访问逻辑很简单，即通过用户名和密码查询即可，ITeacherDAO 接口的源代码如下所示。

程序清单：05/5.3/server/CourseMis/src/com/coursemis/dao/ITeacherDAO.java

```
package com.coursemis.dao;
import com.coursemis.model.Teacher;
public interface ITeacherDAO {
    public Teacher searchTeacher(String teachername,String password);
}
```

在创建类 TeacherDAO 实现接口 ITeacherDAO 之前，我们在包 com.coursemis.dao.impl 下创建了 BaseDAO 类实现 Hibernate 的初始化，创建和设置 Session 对象，具体代码如下。

程序清单：05/5.3/server/CourseMis/src/com/coursemis/dao/impl/BaseDAO.java

```
package com.coursemis.dao.impl;
import org.hibernate.Session;
import org.hibernate.SessionFactory;

    public class BaseDAO {
        private SessionFactory sessionFactory;
    public SessionFactory getSessionFactory(){
        return sessionFactory;
    }
    public void setSessionFactory(SessionFactory sessionFactory){
        this.sessionFactory=sessionFactory;
    }
    public Session getSession(){
        Session session = sessionFactory.openSession();
        return session;
    }
}
```

然后，创建类 TeacherDAO 继承 BaseDAO 实现接口 ITeacherDAO，实现其中的抽象方法。Spring 框架提供了整合 Hibernate 框架的类 HibernateTemplate，可以便捷地使用 Hibernate 框架进行数据访问。TeacherDAO 类如下所示。

程序清单：05/5.3/server/CourseMis/src/com/coursemis/dao/impl/TeacherDAO.java

```
package com.coursemis.dao.impl;

import java.util.List;
import org.hibernate.Query;
import org.hibernate.Session;
import org.hibernate.Transaction;
import com.coursemis.dao.ITeacherDAO;
import com.coursemis.model.Teacher;

public class TeacherDAO extends BaseDAO implements ITeacherDAO {
```

```
    public Teacher searchTeacher(String teachername,String password){
        Session session = getSession();
        List list = null;
        Teacher teacher = null;
        try {
            Transaction tx = session.beginTransaction();
            Query query = session.createQuery("from Teacher teacher where teacher.
            TName = '"+teachername+"' and teacher.TPassword = '"+password+"'");
            list = query.list();
            teacher = (Teacher)list.get(0);
            System.out.println("UserInformation is existed！！");//
            query.executeUpdate();
            tx.commit();
        } catch (RuntimeException e){
        }
        session.close();
        return teacher;
    }
}
```

该类重写了接口中的抽象方法searchTeacher，使用BaseDAO类中的session的createQuery方法查询用户信息。如果找到相应的用户，则输出字符串“UserInformation is existed！！”，如果找不到则报错。

5.3.6 applicationContext.xml 中配置 TeacherDAO 对象

为了能够使用SpringIOC容器管理TeacherDAO对象，则需要在applicationContext.xml中进行配置。首先配置一个数据源对象，也就是之前导入的dbcp连接池类型的数据源。如下所示。

程序清单：05/5.3/server/CourseMis/src/applicationContext.xml

```
<bean id="dataSource"
        class="org.apache.commons.dbcp.BasicDataSource">
        <property name="driverClassName"
            value="com.mysql.jdbc.Driver">
        </property>
        <property name="url" value="jdbc:mysql://localhost:3306/coursemanage"></property>
        <property name="username" value="root"></property>
        <property name="password" value="root"></property>
</bean>
```

其中，id是数据源对象的标记，class是类型，也就是dbcp资源jar包中的一个类。需要检查url以及username、password与当前使用的数据库一致。

接下来配置SessionFactory对象，将以前的SessionFactory配置替代，如下所示。

程序清单：05/5.3/server/CourseMis/src/applicationContext.xml

```
<bean id="sessionFactory"
        class="org.springframework.orm.hibernate3.LocalSessionFactoryBean">
        <property name="dataSource">
```

```
            <ref bean="dataSource" />
        </property>
        <property name="hibernateProperties">
            <props>
                <prop key="hibernate.dialect">
                    org.hibernate.dialect.MySQLDialect
                </prop>
            </props>
        </property>
        <property name="mappingResources">
            <list>
                <value>com/coursemis/model/Course.hbm.xml</value>
                <value>com/coursemis/model/Courseevaluation.hbm.xml</value>
                <value>com/coursemis/model/Coursetime.hbm.xml</value>
                <value>com/coursemis/model/Location.hbm.xml</value>
                <value>com/coursemis/model/Sourcemanage.hbm.xml</value>
                <value>com/coursemis/model/Student.hbm.xml</value>
                <value>com/coursemis/model/Studentcourse.hbm.xml</value>
                <value>com/coursemis/model/Studenthomework.hbm.xml</value>
                <value>com/coursemis/model/Note.hbm.xml</value>
                <value>com/coursemis/model/Teacher.hbm.xml</value></list>
        </property>
</bean>
```

SessionFactory 对象使用了数据源对象，并且指定了映射文件 hbm.xml。

接下来定义 baseDAO 对象，如下所示。

程序清单：05/5.3/server/CourseMis/src/applicationContext.xml

```
<bean id="baseDAO"
        class="com.coursemis.dao.impl.BaseDAO">
        <property name="sessionFactory">
            <ref bean="sessionFactory"></ref>
        </property>
</bean>
```

定义了 baseDAO 对象后，就可以定义 ITeacherDAO 对象，如下所示。

程序清单：05/5.3/server/CourseMis/src/applicationContext.xml

```
<bean id="teacherDAO" class="com.coursemis.dao.impl.TeacherDAO" parent="baseDAO">
</bean>
```

至此，TeacherDAO 的对象已经配置成功。

5.3.7 测试 ITeacherDAO 功能

为了保证程序编写正确，关键步骤都需要自行测试。下面创建一个有 main 方法的类 Test，测试 dao 对象的方法，如下所示。

程序清单：05/5.3/server/CourseMis/src/com/coursemis/dao/Test.java

```
package com.coursemis.dao;
```

```
import org.springframework.context.ApplicationContext;
import org.springframework.context.support.ClassPathXmlApplicationContext;
import com.coursemis.model.Teacher;

public class Test {
    /**
     * @param args
     */
    public static void main(String[] args) {
        // TODO Auto-generated method stub
ApplicationContext ctxt=new ClassPathXmlApplicationContext("applicationContext.xml");
        ITeacherDAO dao=(ITeacherDAO) ctxt.getBean("teacherDAO");
        Teacher user=dao.searchTeacher("qwe", "123");
        user.getTName();
        user.getTPassword();
        System.out.println(user);
    }
}
```

若用户 qwe/123 存在于数据库中，则打印输出包含其虚地址和类型的字符串，如果不存在则报错。

至此，已经能够使用 Hibernate 和 Spring 框架实现 searchTeacher 方法，但是并没有与客户端连接。目前阶段的服务器端工程代码可从华章网站下载（教材源代码\分章节代码\05\5.3\server\CourseMis）。

5.4 实现服务器端登录业务逻辑

完成 5.3 节的工作后，其实已经可以实现登录判断。为了能够使读者理解常用的架构，接下来创建业务逻辑层，也就是服务层。在实际开发过程中，往往数据层只关注数据逻辑的实现，而业务层实现真正的业务逻辑。多个业务逻辑可能公用相同的数据逻辑，例如，取款、存款都是业务逻辑，它们都需要使用更新余额的数据逻辑。

5.4.1 创建 ITeacherService 接口以及实现类 TeacherService

在 com.coursemis.service 包下创建接口 ITeacherService，定义业务逻辑 searchTeacher，如下所示。

程序清单：05/5.4/server/CourseMis/src/com/coursemis/service/ITeacherService.java

```
package com.coursemis.service;
import com.coursemis.model.Teacher;

public interface ITeacherService {
    public Teacher searchTeacher(String teachername,String password);
}
```

在 com.coursemis.service.impl 包下创建类 TeacherService，实现接口，重写 searchTeacher 方法。

程序清单：05/5.4/server/CourseMis/src/com/coursemis/service/impl/TeacherService.java

```
package com.coursemis.service.impl;
import com.coursemis.dao.ITeacherDAO;
import com.coursemis.model.Teacher;
import com.coursemis.service.ITeacherService;

public class TeacherService implements ITeacherService {
    private ITeacherDAO teacherDAO;

    public Teacher searchTeacher(String teachername,String password) {
        return teacherDAO.searchTeacher(teachername,password);
    }

    public ITeacherDAO getTeacherDAO() {
        return teacherDAO;
    }

    public void setTeacherDAO(ITeacherDAO teacherDAO) {
        this.teacherDAO = teacherDAO;
    }
}
```

在TeacherService类中定义了ITeacherDAO类型的属性dao，访问数据库进行查询的逻辑使用dao实现。为了能够使用Spring框架的IOC容器管理服务对象，需要在applicationContext中进行配置，见下节。

5.4.2 配置ITeacherService对象

在applicationContext.xml中配置ITeacherService对象，如下所示。

程序清单：05/5.4/server/CourseMis/src/applicationContext.xml

```
<bean id="teacherService" class="com.coursemis.service.impl.TeacherService">
    <property name="teacherDAO">
        <ref bean="teacherDAO"/>
    </property>
</bean>
```

可见，在service对象中，使用了dao对象。

5.4.3 测试ITeacherService对象

在Test类中，继续测试ITeacherService类的searchTeacher方法，如下所示。

程序清单：05/5.4/server/CourseMis/src/ com/coursemis/dao/Test.java

```
ITeacherService service=(ITeacherService) ctxt.getBean("teacherService");
System.out.println(service.searchTeacher("qwe","123"));
```

用户qwe/123存在于数据库中，则打印输出包含其虚地址和类型的字符串，如果不存在则报错。

至此，服务器端的业务逻辑已经实现，代码可从华章网站下载（教材源代码\分章节代码\05\5.4\server\CourseMis）。

5.5 实现服务器端和客户端数据交互

到目前为止，客户端只实现了静态界面，而服务器端实现了登录逻辑，两端并没有真正的数据交互。要实现登录功能例子，首先就需要把客户端输入的用户名和密码传送到服务器端，我们使用异步 HTTP 和 JSON 相结合的方式进行数据传输。

5.5.1 JSON 和异步 HTTP 概述

1. JSON 概述

相对于 XML 来说，JSON 是轻量级的数据交换格式，它格式简单，并且易于人写和机器解析，独立于程序语言，使用的是 C 语言家族程序员熟悉的方式。JSON 有两种数据结构，分别是对象和数组，即 Name-Value 对构成的集合和 Value 的有序列表，前者类似于 Java 中的 Map，后者类似于 Java 中的 Array。通过这两种结构可以表示各种复杂的结构。

在面向对象的语言中，key 为对象的属性，value 为对应的属性值，所以很容易理解，取值方法为对象通过 key 获取属性值，这个属性值的类型可以是数字、字符串、数组、对象几种。对于数组，数组显然就是有序数据的集合，它是将若干个相关数据按照一定顺序并列在一起的一种集合。

下面是关于 JSON 格式的数据实例，当数据中只包含一个成员对象时，如下面所示：

```
{"name":"kobe",
 "address":"屏峰校区",
 "isRegisterd":true
}
```

当数据中包含多个成员对象时，可以用数组来表示，如下面代码所示：

```
{"member":[
 {"name":"Kobe",
  "address":"屏峰校区",
  "isRegisterd":true
},
{"name":"James",
  "address":"朝晖校区",
  "isRegisterd":false
 }
]
}
```

2. 异步 HTTP 概述

异步 HTTP 主要用来处理网络请求操作，是通过 Android 上强大的网络请求库 android-async-http 来实现的。这个网络请求库是基于 Apache HttpClient 库之上的一个异步网络请求处理库，网络处理均基于 Android 的非 UI 线程，通过回调方法处理请求结果。

其主要特征如下：

1）处理异步 HTTP 请求，并通过匿名内部类处理回调结果。

2）HTTP 请求均位于非 UI 线程，不会阻塞 UI 操作。

3）通过线程池处理并发请求。

4）处理文件上传、下载。

5）响应结果自动打包 JSON 格式。

6）自动处理连接，断开时请求重连。

在系统的具体实现中，数据传输的主要实现流程为：在客户端将数据封装为 RequestParams 键–值对数组，使用 post 方法将数据提交到服务器端；服务器端从 HttpServletRequest 中获取客户端数据；对数据进行处理后，将需要返回的数据封装成 JSON 对象，通过 HttpServletRespone 将封装好的 JSON 格式的数据返回给客户端；客户端解析服务器端传回的 JSON 数据，并将其正确地显示。异步 HTTP 实现过程如图 5-27 所示。

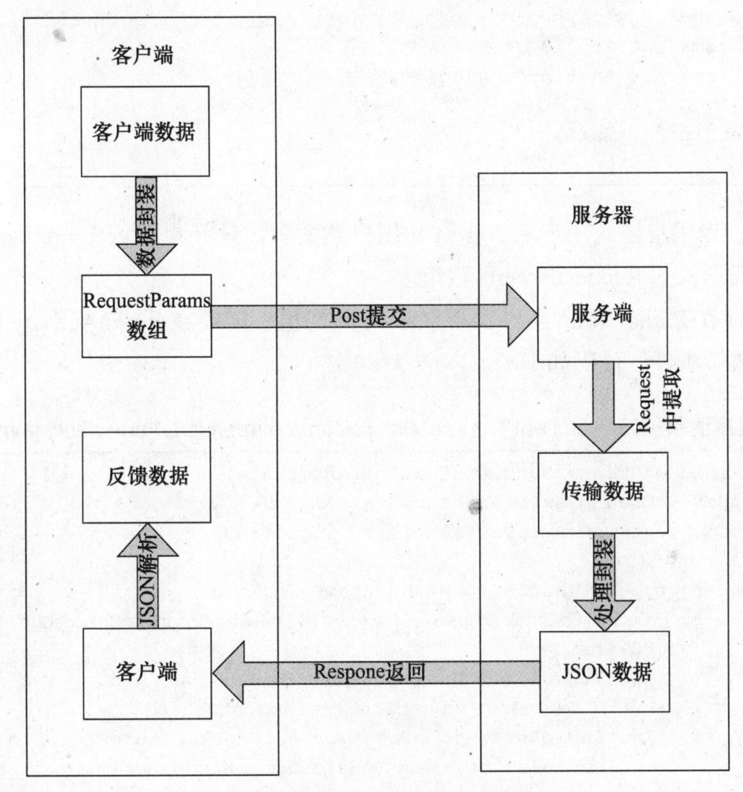

图 5-27　异步 HTTP 交互过程

5.5.2　在客户端把输入内容封装成 RequestParams 数组

客户端首先要实现的是怎样将手机页面上的表单信息存储下来，并将这些数据传输到服务器端，在服务器端实现验证，最后通过返回值来确定所填的信息是否正确。

要使用异步 HTTP 传输数据，首先需要把客户端输入的内容封装成 RequestParams。在此之前先要在 Android 工程中导入异步 HTTP 的 jar 包 android-async-http-1.4.3.jar。操作方式为：从网上下载该 jar 包，直接复制粘贴到项目的 libs 文件夹下，刷新 Android 项目即可完成该 jar 包的导入。

为了能更好地标记用户名、密码输入框和用户类型单选按钮，修改 activity_login.xml 文件中 EditText 的 id 值，分别为 username 和 password，并修改 RadioGroup 的 id 值为 type。在 LoginActivity 中加入如下方法，获取用户名、密码和用户类型并封装成一个 RequestParams 数组。

程序清单：05/5.5/client/CourseMis/src/com/coursemis/LoginActivity.java

```
//把输入内容封装成请求变量数组 RequestParams
private RequestParams getLoginParams(){
        username = (EditText) findViewById(R.id.username);
        password = (EditText) findViewById(R.id.password);
        login = (Button) findViewById(R.id.login);

        RequestParams params = new RequestParams();

        params.put("name", username.getText().toString().trim());
        params.put("password", password.getText().toString().trim());
        params.put("type", type);//用户类型
        params.put("action", "login");//
        
        return params;
}
```

也就是说，当用户输入用户名、密码和用户类型后，只要调用 getLoginParams 方法，就能产生键 - 值对形式的 RequestParams 数组。

由于这里存在 RadioGroup 组件，要获取 type 的值，需要在 LoginActivity 的 onCreate 方法中添加组件监听事件，代码如下。

程序清单：05/5.5/client/CourseMis/src/com/coursemis/LoginActivity.java

```
protected void onCreate(Bundle savedInstanceState) {
        super.onCreate(savedInstanceState);
        setContentView(R.layout.activity_login);

            rg_type = (RadioGroup) findViewById(R.id.type);
            rg_type.setOnCheckedChangeListener(new RadioGroup.OnCheckedChangeListener(){
                @Override
                public void onCheckedChanged(RadioGroup group, int checkedId) {
                    // TODO Auto-generated method stub
                int RadioButtonId = rg_type.getCheckedRadioButtonId();
                    RadioButton rb = (RadioButton)LoginActivity.this.
                        findViewById(RadioButtonId);
                    type = ""+rb.getText();

                }
            });
            ......
}
```

当前客户端工程可从华章网站下载（教材源代码 \ 分章节代码 \05\5.5\client\CourseMis）。

5.5.3 在服务器端从 HttpServletRequest 中获取数据

1. 准备使用 Struts 框架

客户端已经能把输入信息封装成 RequestParams 数组，那么服务器端接收到 RequestParams 数组后，就需要从 HttpServletRequest 中解析出 Teacher 对象进行处理。我们暂时不关注客户端与服务器端如何连接，只关注 HttpServletRequest 中 RequestParams 数组解析部分。

服务器端使用 Struts 框架与客户端直接交互。首先需要导入 Struts 框架资源库，与 Hibernate 导入过程类似，如图 5-28 所示。

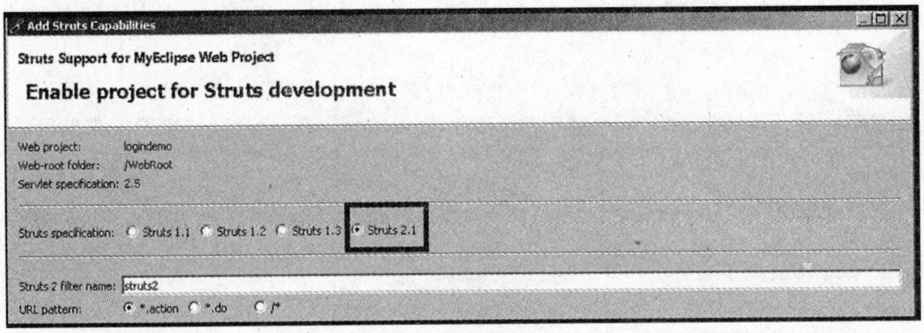

Add Struts Capabilities
Struts Support for MyEclipse Web Project
Enable project for Struts development
Web project: logindemo
Web-root folder: /WebRoot
Servlet specification: 2.5
Struts specification: Struts 1.1 Struts 1.2 Struts 1.3 Struts 2.1
Struts 2 filter name: struts2
URL pattern: *.action *.do /*

图 5-28　Struts 框架导入

选择需要使用的资源库，如图 5-29 所示。

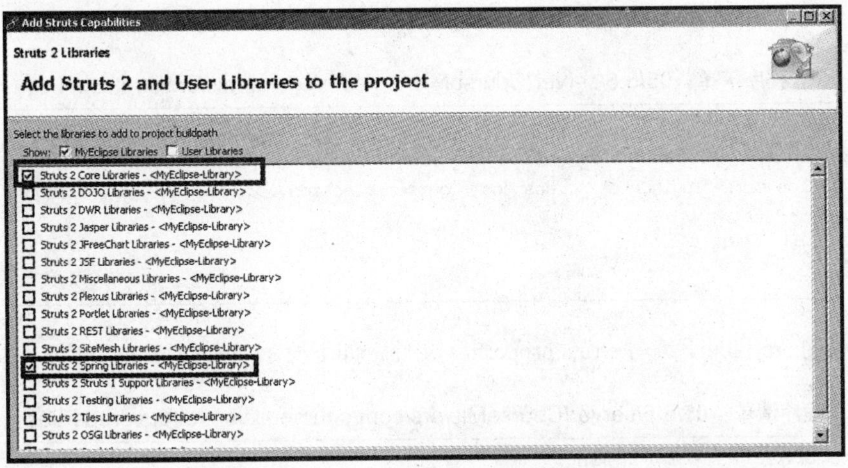

Add Struts Capabilities
Struts 2 Libraries
Add Struts 2 and User Libraries to the project
Select the libraries to add to project buildpath
Show: MyEclipse Libraries User Libraries
Struts 2 Core Libraries - <MyEclipse-Library>
Struts 2 DOJO Libraries - <MyEclipse-Library>
Struts 2 DWR Libraries - <MyEclipse-Library>
Struts 2 Jasper Libraries - <MyEclipse-Library>
Struts 2 JFreeChart Libraries - <MyEclipse-Library>
Struts 2 JSF Libraries - <MyEclipse-Library>
Struts 2 Miscellaneous Libraries - <MyEclipse-Library>
Struts 2 Plexus Libraries - <MyEclipse-Library>
Struts 2 Portlet Libraries - <MyEclipse-Library>
Struts 2 REST Libraries - <MyEclipse-Library>
Struts 2 SiteMesh Libraries - <MyEclipse-Library>
Struts 2 Spring Libraries - <MyEclipse-Library>
Struts 2 Struts 1 Support Libraries - <MyEclipse-Library>
Struts 2 Testing Libraries - <MyEclipse-Library>
Struts 2 Tiles Libraries - <MyEclipse-Library>
Struts 2 OSGi Libraries - <MyEclipse-Library>

图 5-29　Struts 资源库选择

准备好相关资源库以后，在 src 下单击右键，创建一个 class，如图 5-30 所示。

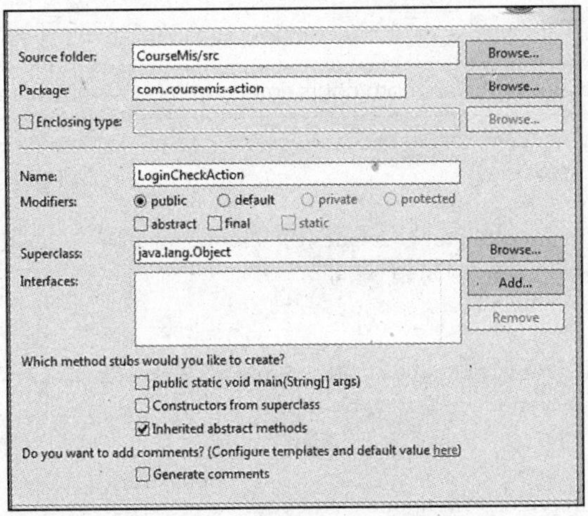

Source folder: CourseMis/src Browse...
Package: com.coursemis.action Browse...
Enclosing type: Browse...
Name: LoginCheckAction
Modifiers: public default private protected
abstract final static
Superclass: java.lang.Object Browse...
Interfaces: Add... Remove
Which method stubs would you like to create?
public static void main(String[] args)
Constructors from superclass
Inherited abstract methods
Do you want to add comments? (Configure templates and default value here)
Generate comments

图 5-30　Struts 框架下创建类

LoginCheckAction是Struts框架中的控制器，将直接与客户端交互。

2. 配置Struts框架

为了能够使用Spring整合Struts，需要进行一系列配置。首先在WEB-INF\web.xml中加入如下配置。

程序清单：05/5.5/server/CourseMis/src/com/coursemis/WebRoot/WEB-INF/web.xml

```
<listener>
<listener-class>org.springframework.web.context.ContextLoaderListener</listener-class>
</listener>
<context-param>
    <param-name>contextConfigLocation</param-name>
    <param-value>/WEB-INF/classes/applicationContext.xml</param-value>
</context-param>
```

然后在struts.xml中配置LoginCheckAction，指定名字为loginCheck，则访问LoginCheckAction通过CourseMis\loginCheck.action即可，如下所示。

程序清单：05/5.5/server/CourseMis/src/com/coursemis/src/struts.xml

```
<struts>
<package name="default" extends="struts-default">
    <action name="loginCheck" class="com.coursemis.action.LoginCheckAction" action=" login" >
    </action>
</package>
</struts>
```

在工程的src目录下编写struts.properties文件，如下所示。

程序清单：05/5.5/server/CourseMis/src/com/coursemis/src/struts.properties

```
struts.objectFactory=spring
```

3. LoginCheckAction中实现HttpServletRequest数据获取

修改LoginCheckAction，首先实现两个接口ServletRequestAware和ServletResponseAware，并定义三个属性，为属性定义set方法。

程序清单：05/5.5/server/CourseMis/src/com/coursemis/com/coursemis/action/LoginCheckAction.java

```
public class LoginCheckAction extends ActionSupport implements ServletRequestAware,
    ServletResponseAware{

    private HttpServletRequest request;
    private HttpServletResponse response;
    private ITeacherService teacherService;

    public void setServletRequest(HttpServletRequest arg0) {
        // TODO Auto-generated method stub
        request=arg0;
    }
    public void setServletResponse(HttpServletResponse arg0) {
        // TODO Auto-generated method stub
```

```
        response=arg0;
    }
    public ITeacherService getTeacherService() {
        return teacherService;
    }
    public void setTeacherService(ITeacherService teacherService) {
        this.teacherService = teacherService;
    }
……
```

其中，request对象用来获得客户端传送过来的请求数据，response对象负责把服务器端的数据返回到客户端，ITeacherService对象用来实现登录逻辑。

LoginCheckAction需要实现用户登录功能，因此需在代码中添加login方法，通过HttpServletRequest进行客户端数据的获取，如下所示。

程序清单：05/5.5/server/CourseMis/src/com/coursemis/com/coursemis/action/LoginCheckAction.java

```
public void login() throws IOException {
        String name = request.getParameter("name");
        String password = request.getParameter("password");
        String type = request.getParameter("type");
        System.out.println("name:"+name+"type:"+type+"password:"+password);
}
```

上述介绍表明，只要客户端能把RequestParams数组传送过来，LoginCheckAction就自动调用login，从request中获取到客户端数据。

至此，我们无法调试应用，因为并没有编写通信所需代码，只是准备好了使用RequestParams）数组传输信息的相关方法。当前服务器端代码可从华章网站下载（教材源代码\分章节代码\05\5.5\server\CourseMis）。

5.6 客户端与服务器端进行连接并用post发送数据

要实现真正的登录功能，客户端必须与服务器端连接，把准备好的RequestParams数组发送过去。我们使用异步HTTP中的post方法实现。修改LoginActivity中登录按钮的事件监听方法，如下所示：

程序清单：05/5.6/client/CourseMis/src/com/coursemis/LoginActivity.java

```
login.setOnClickListener(new View.OnClickListener() {
                @Override
                public void onClick(View v) {
                    // TODO Auto-generated method stub
                    AsyncHttpClient client=new AsyncHttpClient();
client.post("http://192.68.1.101:8080/CourseMis/loginCheck.action", getLoginParams(),
    new JsonHttpResponseHandler() {});
                        }
                    });
```

上述代码中，创建了一个AsyncHttpClient的对象client，调用client中的post方法，向服务器（192.68.1.101）上CourseMis中的loginCheck.action实现异步数据发送。其中数据通过 getLoginParams 方法封装为 RequestParams 数组。

当单击“登录”按钮后，将生成异步 HTTP 客户端对象，调用 post 方法，与服务器端的 LoginAction 连接。

为了方便管理 HTTP 连接的 URL，我们在 com.coursemis.util 包中创建一个 HttpUtil 类，用于存储 post 连接中的 url 字符串，HttpUtil 类代码如下所示。

程序清单：05/5.6/client/CourseMis/src/com/coursemis/util/HttpUtil

```
package com.coursemis.util;
public class HttpUtil {
    public static String server = "http://192.68.1.101:8080/CourseMis";
    public static String server_login = server + "/loginCheck.action";
}
```

因此原 post 方法可以被改写为：

程序清单：05/5.6/client/CourseMis/src/com/coursemis/util/HttpUtil

```
client.post(HttpUtil.server_login,
    getLoginParams(),new JsonHttpResponseHandler() {
    ......
});
```

现阶段的客户端工程存在于本书附带光盘（教材源代码\分章节代码\05\5.6\server\CourseMis）中。

5.7 服务器端把返回内容封装成 JSON 对象

至此，客户端已经能把 RequestParams 数组发送到服务器端，而服务器端已经完成了登录的业务逻辑，并准备好了把 RequestParams 数组解析成 Teacher 对象的方法，服务器端在处理完客户端数据后，需要将返回内容封装成 JSON 对象。定义一个 makeTeachertoJSON 方法，实现返回内容的 JSON 封装。

要实现 JSON 数据传输，就必须引入 JSON-lib 包，这里添加的是 json-lib-2.1-jdk15.jar，除了 JSON-lib 包之外，还需要 ezmorph.jar。具体的操作参考 5.3.1 节中的包的导入操作。

实现内容的封装代码如下所示。

程序清单：05/5.7/server/CourseMis/src/com/coursemis/com/coursemis/action/LoginCheckAction.java

```
private JSONObject makeTeachertoJSON(Teacher t,String type){
    JSONObject r = new JSONObject();
    if(type.equals("教师")){
        JSONArray jsonArray = new JSONArray();
        Teacher teacher = new Teacher();
        teacher.setTName(t.getTName());
        teacher.setTPassword(t.getTPassword());
        teacher.setTId(t.getTId());
        jsonArray = JSONArray.fromObject(teacher);
        r.put("result", jsonArray);
    }
    return r;
}
```

用户登录功能中，服务器端将返回 Teacher 对象的相关属性到客户端，因此 makeTeachertoJSON 方法传入 Teacher 对象，返回 JSONObject 对象。方法实现过程中，创建 JSONArray 对象，把 Teacher 对象封装，并在 JSONObject 对象中放入名为 result 的 JSONArray 对象。

5.8 完成服务器端功能

服务器端已经实现了客户端数据的读取，返回数据的封装，接下来本节将完成服务器端数据的处理（登录信息验证）与 JSON 对象的发送。完善 login 方法，如下所示。

程序清单：05/5.8/server/CourseMis/src/com/coursemis/com/coursemis/action/LoginCheckAction.java

```
public void login() throws IOException {

        String name = request.getParameter("name");
        String password = request.getParameter("password");
        String type = request.getParameter("type");

        if(type.equals(" 教师 ")){
    Teacher teacher = teacherService.searchTeacher(name,password);

            PrintWriter out = response.getWriter();
            out.print(makeTeachertoJSON(teacher,type).toString());
            out.flush();
            out.close();
        }
}
```

login 方法中，通过 request 获得客户端传送过来的 RequestParams 数组，再调用 TeacherService 中的 searchTeacher 方法，进行登录验证，调用 makeTeachertoJSON 方法把 Teacher 对象封装成 JSON 对象，使用 response 发送返回内容至客户端。

可见，LoginCheckAction 中需要使用 ITeacherService，需要在 Spring 框架中进行配置，在 applicationContext.xml 中配置如下信息。

程序清单：05/5.8/server/CourseMis/src/applicationContext.xml

```
<bean id="loginCheckAction" class="com.coursemis.action.LoginCheckAction"
    scope="prototype">
        <property name="teacherService">
            <ref bean="teacherService"/>
        </property>
</bean>
```

至此，服务器端的代码已经完整实现，工程文件可从华章网站下载（教材源代码\分章节代码\05\5.8\server\CourseMis）。

5.9 客户端解析 JSON 返回内容

客户端接收到服务器端的返回内容 JSON 对象，需要将返回内容解析成所需的数据格式，代码实现方式如下所示。

程序清单：05/5.9/client/CourseMis/src/com/coursemis/LoginActivity.java

```
//把返回内容解析成 Teacher 对象
private Teacher getTeacherFromJSON(JSONObject object){

    Teacher teacher = new Teacher();
    if (object != null && !object.equals("")) {
        teacher.setTName(object.optString("TName"));
        teacher.setTPassword(object.optString("TPassword"));
        teacher.setTId(object.optInt("TId"));
        }
        return teacher;
}
```

getTeacherFromJSON 实现了将 JSONObject 对象解析为 Teacher 类对象。这里，我们需要对 Teacher 类对象进行实现，主要是和服务器端的 Teacher 类相一致。在 com.coursemis.model 中实现 Teacher 类的代码，如下所示。

程序清单：05/5.9/client/CourseMis/src/com/coursemis/model/Teacher.java

```
package com.coursemis.model;

public class Teacher implements java.io.Serializable {
    private Integer TId;
    private String TNum;
    private String TName;
    private String TDepartment;
    private String TTel;
    private String TEmail;
    private String TPassword;

    public Integer getTId() {
        return TId;
    }
    public void setTId(Integer tId) {
        TId = tId;
    }
    public String getTNum() {
        return TNum;
    }
    public void setTNum(String tNum) {
        TNum = tNum;
    }
    public String getTName() {
        return TName;
    }
    public void setTName(String tName) {
        TName = tName;
    }
    public String getTDepartment() {
        return TDepartment;
    }
    public void setTDepartment(String tDepartment) {
```

```
        TDepartment = tDepartment;
    }
    public String getTTel() {
        return TTel;
    }
    public void setTTel(String tTel) {
        TTel = tTel;
    }
    public String getTEmail() {
        return TEmail;
    }
    public void setTEmail(String tEmail) {
        TEmail = tEmail;
    }
    public String getTPassword() {
        return TPassword;
    }
    public void setTPassword(String tPassword) {
        TPassword = tPassword;
    }
}
```

5.10 完成客户端功能

服务器端功能已经实现，接下来需要完成客户端功能。客户端目前还不能解析服务器端返回的信息，修改 AsyncHttpClient 的 post 方法，如下所示。

程序清单：05/5.10/client/CourseMis/src/com/coursemis/LoginActivity.java

```
client.post(HttpUtil.server_login, getLoginParams(),new JsonHttpResponseHandler() {

        @Override
        public void onSuccess(int arg0, JSONObject arg1) {
            // TODO Auto-generated method stub
            if(type.equals("教师")){

Teacher teacher = getTeacherFromJSON(arg1.optJSONArray("result").
                optJSONObject(0));
                Intent intent=getIntent();
                intent.setClass(LoginActivity.this, WelcomeActivity.class);
                LoginActivity.this.startActivity(intent);
            }
            super.onSuccess(arg0, arg1);
        }
});
```

可见，修改后，添加 onSuccess 方法，获取从服务器上返回的 JSON 数据，并对 JSON 数据调用 getTeacherFromJSON 方法解析数据为 Teacher 对象。如果用户名密码验证通过，则页面跳转到 WelcomeActivity。

为了能够让 Android 应用有访问网络的权限，需要在 AndroidManifest.xml 中配置权限，如下所示。

程序清单：05/5.10/client/CourseMis/AndroidManifest.xml

```
</application>
    <uses-permission android:name="android.permission.INTERNET"></uses-permission>
</manifest>
```

至此，客户端的程序也完整完成，可以运行客户端应用，启动服务器端的 Tomcat，重新配置服务器端的应用。输入数据库中存在的用户名和密码，显示登录成功，否则显示失败及提示信息。

客户端的现阶段工程文件可从华章网站下载（教材源代码\分章节代码\05\5.10\client\CourseMis）。

扩展练习

1. 简述 Android 应用程序的开发步骤。
2. 简要介绍几种实现客户端与服务器端进行数据传送的方式。
3. 设计一个简单的 Android 应用程序，利用 post 知识实现数据到服务器端的发送。

第6章 界面设计

本章将学习基本的 Android UI 元素，并了解如何使用视图、视图组和布局来为活动创建实用而直观的用户界面。

在了解界面编程的基本概念，学会使用 xml 或代码实现界面设计之后，我们将学习界面的布局方式，了解界面的整体设计。然后通过学习 Android SDK 中可用的一些控件的使用方法，自己实现 Android 界面的设计。

学习重点

- Android 界面编程的不同方式
- 布局管理器的使用
- Android 基本组件的学习

6.1 界面编程

6.1.1 视图和视图组

视图（View）是所有可视界面元素（通常称为小组件）的基类。所有用户界面控件以及布局类都是由 View 派生而来的。

视图组（ViewGroup）是视图 View 的扩展，它通常作为其他组件的容器使用。

Android 的所有 UI 组件都是建立在 View、ViewGroup 基础之上的，Android 采用了“组合器”设计模式来设计 View 和 ViewGroup：ViewGroup 是 View 的父类，因此 ViewGroup 也可被当成 View 使用，即 ViewGroup 可以作为容器来盛装其他组件，也可以自己作为组件对象，被包含于 ViewGroup 中。Android 图形用户界面的组件层次图如图 6-1 所示。

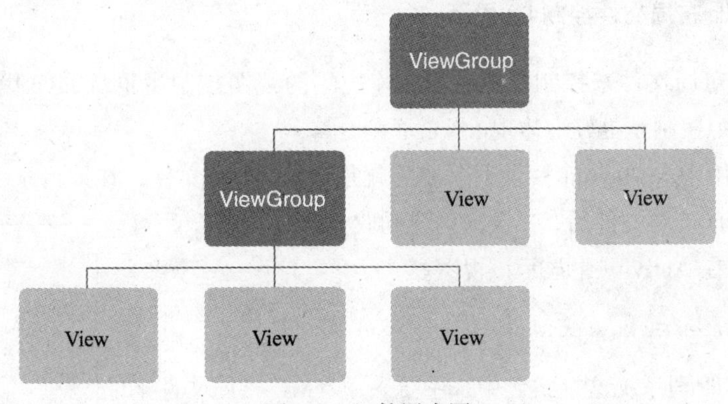

图 6-1　组件层次图

ViewGroup 主要当成容器类使用，实现对其子组件的分布的控制，依赖于 ViewGroup.LayoutParams、ViewGroup.MarginLayoutParamsl 两个内部类。这两个内部类提供了一些 XML

属性来控制子组件的分布情况。

ViewGroup.LayoutParams 主要实现子组件布局高度和宽度的控制。

表 6-1 为 ViewGroup.LayoutParams 所支持的两个 XML 属性。

表 6-1 ViewGroup.LayoutParams 支持的两个 XML 属性

XML 属性	说 明
android:layout_height	指定该子组件的布局高度
android:layout_width	指定该子组件的布局宽度

android:layout_height、android:layout_width 两个属性支持如下三个属性值。

1）fill_parent：指定子组件的高度、宽度与父容器组件的高度、宽度相同（实际上还要减去填充的空白距离）。

2）match_parent：该属性值与 fill_parent 完全相同，而且从 Android 2.2 开始就推荐使用这个属性值来代替 fill_parent。

3）warp_content：指定子组件的大小恰好能容纳它的内容即可。

根据 Android 的布局机制，Android 中组件的大小不仅受它实际的宽度、高度控制，还受它的布局高度与布局宽度控制。

ViewGroup.MarginLayoutParams 用于控制子组件周围的页边距（Margin，也就是组件四周的留白），表 6-2 为它支持的 XML 属性。

表 6-2 ViewGroup.MarginLayoutParams 支持的 XML 属性

XML 属性	相关方法	说 明
android:layout_marginBottom	setMargins(int,int,int,int)	指定该子组件下边的页边距
android:layout_marginLeft	setMargins(int,int,int,int)	指定该子组件左边的页边距
android:layout_marginRight	setMargins(int,int,int,int)	指定该子组件右边的页边距
android:layout_marginTop	setMargins(int,int,int,int)	指定该子组件上边的页边距

6.1.2 使用 XML 布局文件控制 UI 界面

使用 XML 布局文件来控制视图，可以将应用的视图控制逻辑从 Java 代码中分离出来，放入 XML 文件中控制，更好地体现 MVC 原则。

Android 应用中 res/layout 目录下存放的就是 XML 布局文件，在该目录中定义一个主文件名任意的 XML 布局文件后，R.java 会自动收录该布局资源，可以通过如下方法在 Activity 中显示该视图。

```
setContentView(R.layout.<资源文件名字>);
```

在手机课程管理系统这个案例中，主要采用 XML 布局文件来实现对 UI 界面的控制。图 6-2 为本系统登录功能 UI 界面设计文件目录。

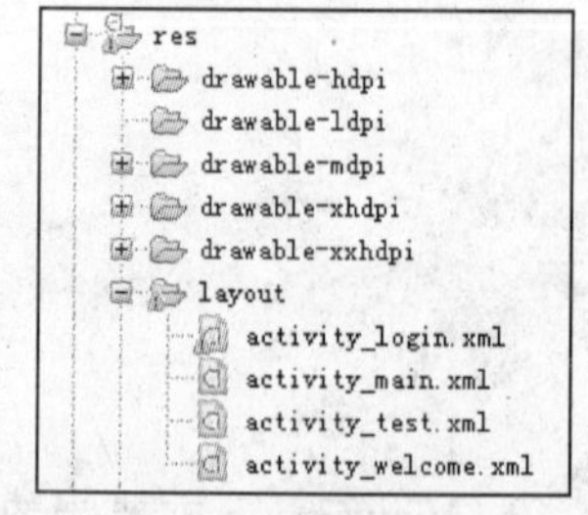

图 6-2 UI 界面文件目录

登录页面 LoginActivity.java 中的视图显示代码如下所示。

程序清单：06/6.1/client/CourseMis/src/com/coursemis/LoginActivity.java

```
@Override
protected void onCreate(Bundle savedInstanceState) {
    super.onCreate(savedInstanceState);
    setContentView(R.layout.activity_login);
    ……
}
```

当布局文件中有多个UI组件时，可以为该UI组件指定android:id属性，用于唯一标识该组件。在Java代码中可以通过如下代码对指定的UI组件进行访问。

```
findViewById(R.id.<android.id属性值>);
```

在程序中获得指定UI组件后，就可以通过代码对组件的外观行为进行控制了，包括UI组件监听事件的绑定等。

登录功能中对于登录按钮的控制就是通过这一方法来实现的。详细代码见5.2.2节。

6.1.3 在代码中控制UI界面

Android开发中同样允许开发者像开发Swing应用一样，完全抛弃XML布局文件，完全在Java代码中控制UI界面。通过代码控制UI界面，可以通过new关键字创建所有的UI组件，然后以合适的方式“搭建”在一起。

为了直观地介绍代码控制UI界面，本项目中的欢迎页面WelcomeActivity使用了该方法来实现UI界面，代码如下。

程序清单：06/6.2/client/CourseMis/src/com/coursemis/WelcomeActivity.java

```
public class WelcomeActivity extends Activity {
   @Override
   protected void onCreate(Bundle savedInstanceState) {
      super.onCreate(savedInstanceState);
      //创建一个线性布局管理器
      LinearLayout layout=new LinearLayout(this);
      //设置该Activity显示该layout
      super.setContentView(layout);
      layout.setOrientation(LinearLayout.VERTICAL);
      //创建一个TextView
      final TextView show=new TextView(this);
      show.setText("欢迎进入手机课程管理系统！！");
      //创建一个按钮
      Button bn=new Button(this);
      bn.setText("获取当前时间");
      bn.setLayoutParams(new ViewGroup.LayoutParams(
            ViewGroup.LayoutParams.WRAP_CONTENT,
            ViewGroup.LayoutParams.WRAP_CONTENT));
      //向Layout容器中添加TextView
      layout.addView(show);
      //向Layout容器中添加按钮
      layout.addView(bn);
      //为按钮绑定一个事件监听器
      bn.setOnClickListener(new View.OnClickListener(){
```

```
            @Override
            public void onClick(View v) {
                // TODO Auto-generated method stub
            show.setText(show.getText()+ " "+new java.util.Date());
            }
        });
    }
}
```

从上面的程序的粗体字代码可以看出，该程序中所用到的UI组件都是通过new关键字创建出来的，然后使用LinearLayout容器来“盛装”这些UI组件，这样就组成了图形用户界面。

可以注意到在创建UI组件时，需要传入一个this参数，这是由于创建UI组件时传入一个Context参数，Context代表访问Android应用环境的全局信息的API。这些UI组件可以通过该Context参数来获取Android应用环境的全局信息。

在模拟器上运行的效果如图6-3所示。

图6-3 WelcomeActivity页面显示

单击按钮后获取当前时间，界面显示如图6-4所示。

图6-4 WelcomeActivity按钮效果

通过XML布局文件和代码两种方式实现UI界面，不难看出，完全在代码中控制UI界面不仅不利于高层次的解耦，而且由于通过new关键字来创建UI组件，需要调用方法来设置UI组件的行为，因此代码十分臃肿；相反，如果通过XML文件来控制UI界面，开发者只要在XML布局文件中使用标签即可创建UI组件，而且只要配置简单的属性即可控制UI组件的行为，相对要简单很多。

因此，在Android的UI界面开发过程中，我们推荐使用XML布局文件来实现UI界面设计，而不推荐采用代码控制实现。

6.2 布局管理器

为了更好地管理Android应用用户界面里的各组件，Android提供了布局管理器。通过使用布局管理器，Android应用的图形用户界面具有良好的平台无关性。一般的，我们使用布局管理器来管理组件的分布、大小，而不是直接设置组件的位置和大小。布局管理器可以根据运行平台来调整组件大小，开发人员只需要为容器选择合适的布局管理器即可。

6.2.1 线性布局

线性布局（LinearLayout）是将子组件按照垂直或者水平方向来布局，方向控制由“android:orientation”属性来控制的，属性值有垂直（vertical）和水平（horizontal）两种。

Android 的线性布局不会换行，当组件一个挨着一个地排列到头之后，剩下的组件将不会被显示出来。

表 6-3 为 LinearLayout 支持的常用 XML 属性及说明。

表 6-3 LinearLayout 支持的常用 XML 属性

XML 属性	说 明
android:orientation	设置布局管理器内组件的排列方式，可以设置为 horizontal（水平排列）、vertical（垂直排列、默认值）两个值之一
android:gravity	容器控制其所包含的子元素的对齐方式，可以设置为上（top）、下（bottom）、左（left）、右（right）

LinearLayout 包含的所有子元素都受 LinearLayout.LayoutParams 控制，因此 LinearLayout 包含的子元素可以额外指定以下所示的属性，如表 6-4 所示。

表 6-4 LinearLayout 子元素支持的常用 XML 属性

XML 属性	说 明
android:layout_gravity	指定该子元素在 LinearLayout 中的对齐方式
android:layout_weight	指定该子元素在 LinearLayout 中所占的权重

5.2.1 节中的登录界面原本是通过组件的拖拽来实现的，我们也可以使用线性布局来管理页面布局。activity_login.xml 的部分布局代码如下所示。

程序清单：06/6.2/6.2.1LinearLayout/CourseMis/res/layout/activity_login.xml

```
<?xml version="1.0" encoding="utf-8"?>
<!-- 线性布局的登录界面设计 -->
<LinearLayout xmlns:android="http://schemas.android.com/apk/res/android"
    xmlns:tools="http://schemas.android.com/tools"
    android:layout_width="fill_parent"
    android:layout_height="fill_parent"
    tools:context=".LoginActivity"
    android:orientation="vertical" >

    <TextView
        android:background="@drawable/title_bar"
        android:layout_width="fill_parent"
        android:layout_height="wrap_content"
        android:gravity="center"
        android:textColor="#ffffff"
        android:text="课程管理系统"
        android:textAppearance="?android:attr/textAppearanceLarge" />

    <LinearLayout
        android:layout_width="fill_parent"
        android:layout_height="wrap_content"
        android:layout_marginTop="30dp"
        android:orientation="horizontal"
        android:padding="10dip" >
        <TextView
            android:layout_width="wrap_content"
            android:layout_height="wrap_content"
```

```
            android:text=" 用户名输入位置 ">
        </TextView>
    </LinearLayout>

    <LinearLayout
        android:layout_width="fill_parent"
        android:layout_height="wrap_content"
        android:orientation="horizontal"
        android:padding="10dip" >
        <TextView
            android:layout_width="wrap_content"
            android:layout_height="wrap_content"
            android:text=" 密码输入位置 ">
        </TextView>
    </LinearLayout>

    <LinearLayout
        android:layout_width="fill_parent"
        android:layout_height="wrap_content"
        android:layout_marginTop="0dp"
        android:orientation="horizontal"
        android:padding="10dip" >
        <TextView
            android:layout_width="wrap_content"
            android:layout_height="wrap_content"
            android:text=" 用户类型选择位置 ">
        </TextView>
    </LinearLayout>

    <LinearLayout
        android:layout_width="fill_parent"
        android:layout_height="wrap_content"
        android:layout_marginTop="0dp"
        android:orientation="horizontal"
        android:padding="10dip" >
        <TextView
            android:layout_width="wrap_content"
            android:layout_height="wrap_content"
            android:text=" 登录按钮位置 ">
        </TextView>
    </LinearLayout>
</LinearLayout>
```

该界面布局非常简单，它定义了一个简单垂直方向上的线性布局，然后在线性布局中定义了4个水平方向上的子线性布局，并在子线性布局中定义相应的组件。

可以通过单击图6-5所示的按钮进行界面效果查看。

效果图如图6-6所示，实现了“用户名输入位置”、“密码输入位置”、“用户类型选择位置”、“登录按钮位置”的垂直方向上的线性布局，后续我们只需要在位置部分添加相关组件即可完成登录界面的实现。

为了保证系统的完善性，使LoginActivity.java中不出现错误，在相应的位置添加相关组件（如图6-7所示），组件的具体代码将在下一小节中进行详细介绍。

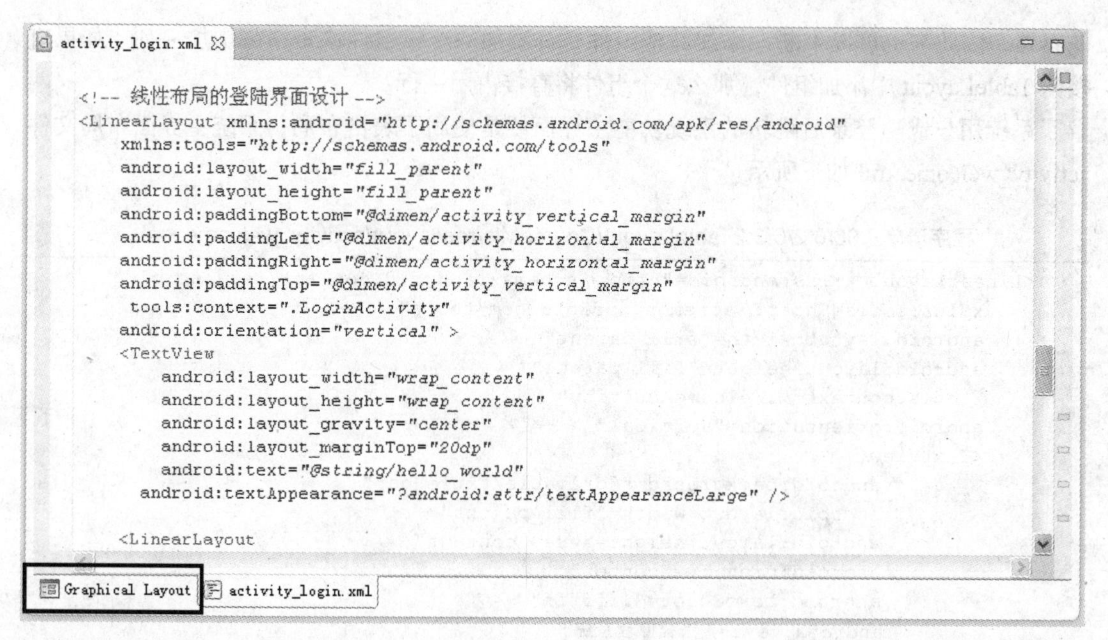

图 6-5　单击所选按钮

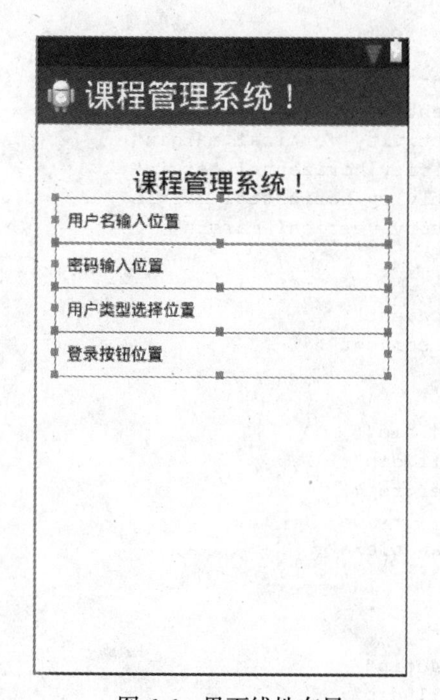

图 6-6　界面线性布局

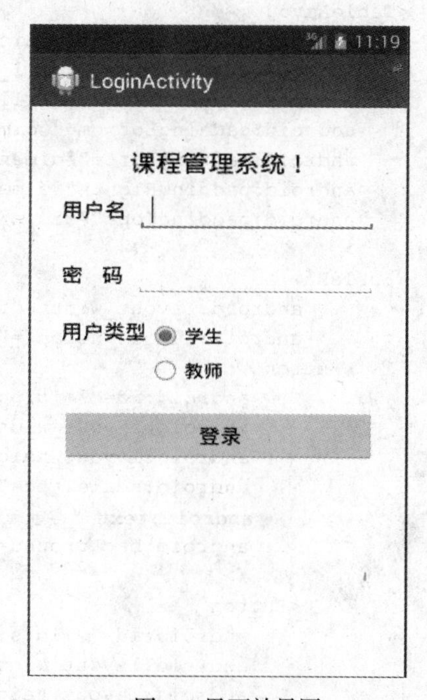

图 6-7 界面效果图

6.2.2　表格布局

表格布局 TableLayout 以行、列表格的方式布局子组件。TableLayout 并不需要明确地声明包含多少行、多少列，而是通过添加 TableRow、其他控件来控制表格的行数和列数。

每次向 TableLayout 中添加一个 TableRow，该 TableRow 就是一个表格行，TableRow 也

是容器，因此它也可以不断地添加其他组件，每添加一个子组件该表格就增加一列。如果直接向 TableLayout 中添加组件，那么这个组件将直接占用一行。

系统用户成功登录后跳转的系统功能主界面便是使用了表格布局，系统主界面布局文件 activity_welcome.xml 如下所示。

程序清单：06/6.2/6.2.2TableLayout/CourseMis/res/layout/activity_welcome.xml

```
<LinearLayout xmlns:android="http:// schemas.android.com/apk/res/android"
    xmlns:tools="http:// schemas.android.com/tools"
    android:layout_width="fill_parent"
    android:layout_height="fill_parent"
     tools:context=".WelcomeActivity"
    android:orientation="vertical" >
    <TextView
            android:background="@drawable/title_bar"
            android:layout_width="fill_parent"
            android:layout_height="wrap_content"
            android:gravity="center"
            android:textColor="#ffffff"
            android:text="课程管理系统"
      android:textAppearance="?android:attr/textAppearanceLarge" />

    <TableLayout
        android:orientation="vertical"
        android:layout_width="fill_parent"
        android:layout_height="fill_parent"
        android:paddingBottom="@dimen/activity_vertical_margin"
        android:paddingLeft="@dimen/activity_horizontal_margin"
        android:paddingRight="@dimen/activity_horizontal_margin"
        android:paddingTop="@dimen/activity_vertical_margin"
        >
    <TableRow
            android:layout_width="fill_parent"
            android:layout_height="wrap_content">
        <Button
                android:id="@+id/point"
                android:layout_width="140dip"
                android:layout_height="110dip"
                android:scaleType="centerCrop"
                android:text="学生点名"
                android:background="@drawable/a"
                />
            <Button
                android:id="@+id/signin"
                android:layout_width="140dip"
                android:layout_height="110dip"
                android:scaleType="centerCrop"
                android:text="学生签到"
                android:background="@drawable/b"/>
                />
    </TableRow>
            ......
    <!-- 其余功能按钮 -->
```

```
    <TableRow
            android:layout_width="fill_parent"
            android:layout_height="wrap_content">
            <Button
                android:id="@+id/coursemanage"
                android:layout_width="140dip"
                android:layout_height="110dip"
                android:scaleType="centerCrop"
                android:text="课程管理"
                android:background="@drawable/h">
            </Button>
        </TableRow>
    </TableLayout>
</LinearLayout>
```

该界面布局定义了一个简单垂直方向上的线性布局，然后在线性布局中定义了一个表格布局，并在表格布局中定义按钮组件，实现主界面功能界面布局。效果图如图 6-8 所示。

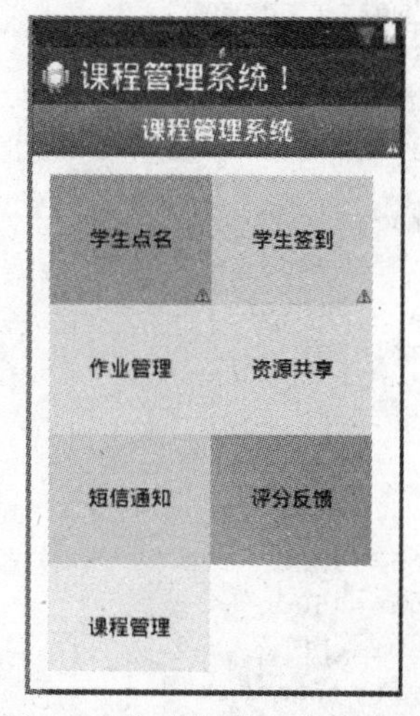

图 6-8　主功能界面表格布局

为了使软件系统界面布局更加合理、美观，我们可以将“课程管理系统！”Android 的头部去掉，这通过对修改应用程序 Android 界面显示主题进行修改实现。

程序清单：06/6.2/6.2.2TableLayout/CourseMis/AndroidManifest.xml

```
<application
        android:allowBackup="true"
        android:icon="@drawable/ic_launcher"
        android:label="@string/app_name"
        android:theme="@style/AppTheme" >
        android:theme="@android:style/Theme.Light.NoTitleBar"  >
```

6.2.3　帧布局

帧布局 FrameLayout 为每个加入其中的组件创建一个空白的区域（称为一帧），每个子组件占据一帧，这些帧都会根据 gravity 属性执行自动对齐。帧布局从屏幕的左上角（0，0）坐标开始布局，多个组件层叠排序，后面的组件覆盖前面的组件。

表6-5为FrameLayout常用的XML属性及相关方法说明。

表6-5　FrameLayout常用的XML属性

XML属性	相关方法	说　明
android:foreground	setForeground(Drawable)	设置该帧布局容器的前景图像
android:foregroundGravity	setForegroundGravity(int)	定义绘制前景图像的gravity

在手机课程管理系统案例中，并没有使用到帧布局，因此本小节中以一个小例子进行简单介绍说明。代码如下所示。

程序清单：06/6.2/6.2.3FrameLayou/CourseMis/res/layout/frame_test.xml

```
<FrameLayout xmlns:android="http://schemas.android.com/apk/res/android"
    xmlns:tools="http://schemas.android.com/tools"
    android:layout_width="match_parent"
    android:layout_height="match_parent"
    android:background="#ccc"
    >

    <ImageView
        android:id="@+id/imageView"
        android:layout_width="match_parent"
        android:layout_height="match_parent"
        android:src="@drawable/a"
    />

    <ImageView
        android:id="@+id/start"
        android:layout_width="60dp"
        android:layout_height="60dp"
        android:src="@drawable/b"
        android:layout_gravity="center"
    />
</FrameLayout>
```

该界面布局代码中定义了一个帧布局，在帧布局中（0，0）的位置定义了一个全屏覆盖的图片组件，而在帧布局中间位置也定义了一个图片组件，后一个图片覆盖在前一个图片组件上。界面效果如图6-9所示。

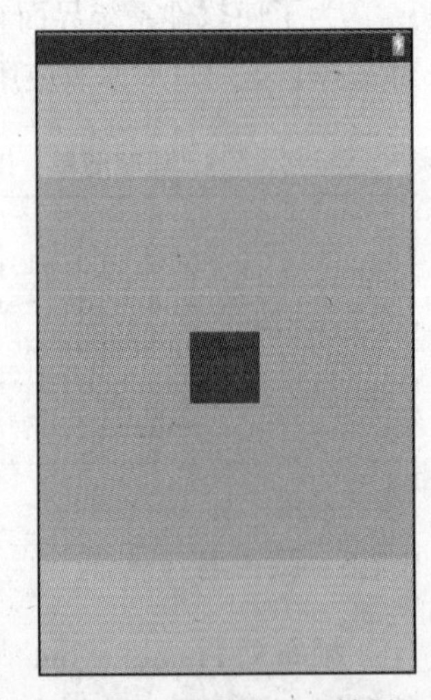

图6-9　帧布局界面效果

6.2.4　相对布局

相对布局RelativeLayout是相对布局容器内部子组件的位置总是根据相对兄弟组件、父容器来决定的，如在某个组件的左边、右边、上面和下面等。如果A组件的位置是由B组件的位置决定，Android要求先定义B组件，再定义A组件。

为了控制该布局容器中各子组件的布局分布，可以使用RelativeLayout.LayoutParams来控制RelativeLayout布局容器中子组件的布局分布。

表 6-6 为 RelativeLayout.LayoutParams 里只能设为 true、false 的 XML 属性。

表 6-6 RelativeLayout.LayoutParamst 设为 true、false 的 XML 属性

android:layout_centerHorizontal	控制该子组件是否位于布局容器的水平居中
android:layout_centerVerical	控制该子组件是否位于布局容器的垂直居中
android:layout_centerInParent	控制该子组件是否位于布局容器的中央位置
android:layout_alignParentBottom	控制该子组件是否与布局容器底端对齐
android:layout_alignParentLeft	控制该子组件是否与布局容器左边对齐
android:layout_alignParentRight	控制该子组件是否与布局容器右边对齐
android:layout_alignParentTop	控制该子组件是否与布局容器顶端对齐

表 6-7 为 RelativeLayout.LayoutParams 里属性值为其他 UI 组件 ID 的 XML 属性。

表 6-7 RelativeLayout.LayoutParams 里属性值为其他 UI 组件 ID 的 XML 属性

android:layout_toRightOf	控制该子组件位于给出 ID 组件的右侧
android:layout_toLeftOf	控制该子组件位于给出 ID 组件的左侧
android:layout_above	控制该子组件位于给出 ID 组件的上方
android:layout_below	控制该子组件位于给出 ID 组件的下方
android:layout_alignTop	控制该子组件位于给出 ID 组件的上边界对齐
android:layout_alignBottom	控制该子组件位于给出 ID 组件的下边界对齐
android:layout_alignLeft	控制该子组件位于给出 ID 组件的左边界对齐
android:layout_alignRight	控制该子组件位于给出 ID 组件的右边界对齐

本系统中用户登录界面使用相对布局方式实现的 XML 部分代码如下所示。

程序清单：06/6.2/6.2.4RelativeLayout/CourseMis/res/layout/activity_login.xml

```
<RelativeLayout xmlns:android="http://schemas.android.com/apk/res/android"
    xmlns:tools="http://schemas.android.com/tools"
    android:layout_width="match_parent"
    android:layout_height="match_parent"
    android:paddingBottom="@dimen/activity_vertical_margin"
    android:paddingLeft="@dimen/activity_horizontal_margin"
    android:paddingRight="@dimen/activity_horizontal_margin"
    android:paddingTop="@dimen/activity_vertical_margin"
    tools:context=".LoginActivity" >

    <TextView
        android:id="@+id/title"
        android:layout_width="wrap_content"
        android:layout_height="wrap_content"
        android:layout_centerHorizontal="true"
        android:text="@string/hello_world"
        android:textSize="20sp" />

    <TextView
        android:id="@+id/user"
        android:layout_width="wrap_content"
        android:layout_height="wrap_content"
        android:layout_alignParentLeft="true"
```

```
        android:layout_below="@+id/title"
        android:layout_marginLeft="16dp"
        android:layout_marginTop="32dp"
        android:text="用户名: " />

    <EditText
        android:id="@+id/username"
        android:layout_width="wrap_content"
        android:layout_height="wrap_content"
        android:layout_alignBaseline="@+id/user"
        android:layout_alignBottom="@+id/user"
        android:layout_alignParentRight="true"
        android:ems="10" >

        <requestFocus />
    </EditText>


    <TextView
        android:id="@+id/pass"
        android:layout_width="wrap_content"
        android:layout_height="wrap_content"
        android:layout_alignLeft="@+id/user"
        android:layout_below="@+id/username"
        android:layout_marginTop="46dp"
        android:text="密  码: " />

    <EditText
        android:id="@+id/password"
        android:layout_width="wrap_content"
        android:layout_height="wrap_content"
        android:layout_alignBaseline="@+id/pass"
        android:layout_alignBottom="@+id/pass"
        android:layout_toRightOf="@+id/pass"
        android:ems="10"
        android:inputType="textPassword" />

    <!-- 用户类型选择代码省略 -->

    <Button
        android:id="@+id/login"
        android:layout_width="match_parent"
        android:layout_height="wrap_content"
        android:layout_alignRight="@+id/password"
        android:layout_below="@+id/type"
        android:layout_marginTop="55dp"
        android:text="登录"
        android:textSize="15sp" />

</RelativeLayout>
```

上述界面布局代码中，定义了一个相对布局，然后定义一个相对于相对布局容器的TextView组件，接着是一系列TextView和EditView组件，其组件位置通过相对于其他组件的位置来确定。

activity_login.xml 页面中，首先定义一个 id 为 title 的 TextView 组件位于整个布局的水平中心位置；然后定义 id 为 user 的 TextView 组件位于 title 组件下方，设置外边距值；再定义 id 为 username 的 EditText 组件与 user 组件在同一个水平线上，并位于父类布局的右边，这样的效果如图 6-10 所示。

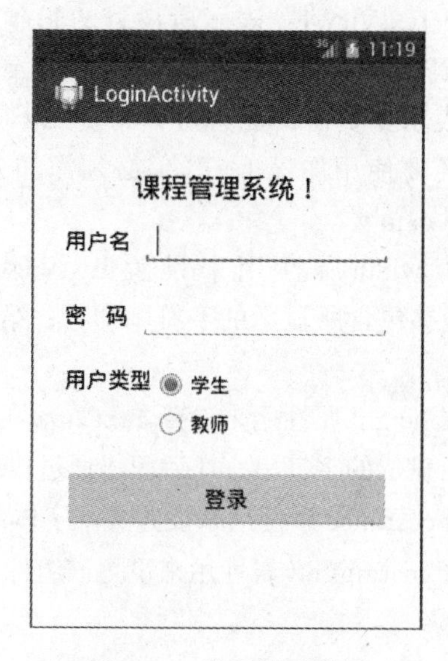

图 6-10　登录界面效果

6.3 基本界面组件

前面介绍了一些 Android 界面编程的基础知识，接下来将要介绍的是 Android 基本界面组件。

6.3.1 文本框和编辑框

文本框（TextView）是一个标准的只读文本标签。它支持多行显示、字符串格式化以及自动换行。

编辑框（EditText）是一个可编辑的文本输入框。它可接受多行输入、自动换行和提交文本。

系统中用户登录界面 activity_login.xml 中就用到了上述两个组件。代码如下所示。

程序清单：06/6.3/client/CourseMis/res/layout/activity_login.xml

```
     <!-- 用户名输入 -->
     <TextView
1.     android:id="@+id/TextView1"
2.     android:layout_width="wrap_content"
3.     android:layout_height="wrap_content"
4.     android:text="用户名："
5.     android:textAppearance="?android:attr/textAppearanceMedium" />

     <EditText
6.     android:id="@+id/username"
```

```
7.      android:layout_width="fill_parent"
8.      android:layout_height="wrap_content"
9.      android:layout_marginLeft="10dp"/>
```

- 第1行android:id属性声明了TextView的id，这个id主要用于在代码中引用TextView对象；“@+id/TextView1”表示所设置的id值，@表示后面的字符串是id资源；加号（+）表示需要建立新资源名称，并添加到R.java文件中；斜杠后面的字符串（TextView1）表示新资源的名称。如果资源不是新添加的，或属于Android框架的id资源，则不需要使用加号（+），但必须添加Android包的命名空间，例如android:id="@android:id/empty"。
- 第2行的android:layout_width属性用来设置TextView的宽度，wrap_content表示TextView的宽度只要能够包含所显示的字符串即可；第7行中的fill_parent表示宽度布满整个屏幕。
- 第3行的android:layout_height属性用来设置TextView的高度。
- 第4行表示TextView所显示的字符串，在后面将通过代码更改TextView的显示内容。
- 第5行的android:textAppearance属性用来设置文本字体样式。
- 第9行中android:layout_marginLeft属性用来设置该组件左外边距的大小。

6.3.2 按钮和图片按钮

按钮（Button）是一种按钮控件，用户能够在该控件上单击，并引发相应的事件处理函数。图片按钮（ImageButton）是用以实现能够显示图像功能的按钮控件。

系统中用户登录界面activity_login.xml中就用到了登录按钮，代码如下所示。

程序清单：06/6.3/client/CourseMis/res/layout/activity_login.xml

```
<Button
    android:id="@+id/login"
    android:layout_width="match_parent"
    android:layout_height="wrap_content"
    android:text="登录"
    android:textSize="8pt" />
```

代码中定义Button控件的高度、宽度和内容。同时需要为Button控件添加单击事件的监听器，代码如下所示。

程序清单：06/6.3/client/CourseMis/src/com/coursemis/LoginActivity.java

```
1.    Button login=(Button) this.findViewById(R.id.login);
2.    login.setOnClickListener(new View.OnClickListener() {
          @Override
3.        public void onClick(View v) {
              // TODO Auto-generated method stub
          ......

      });
```

- 第 1 行通过 findViewById 方法获取 Button 按钮对象。
- 第 2 行为 login 按钮 button 对象通过调用 setOnClickListener() 函数，注册一个单击（Click）事件的监听器 View.OnClickListener()。
- 第 3 行实现单击事件的回调函数。

系统中用户欢迎界面 activity_main.xml 中就是用了图片按钮。代码如下所示。

程序清单：06/6.3/client/CourseMis/res/layout/activity_main.xml

```
    <ImageButton
1.        android:id="@+id/background"
2.        android:layout_width="match_parent"
3.        android:layout_height="match_parent"
4.        android:background="@drawable/background"
5.        android:contentDescription="@string/hello_world" />
```

代码中定义 ImageButton 控件的高度、宽度和资源文件。

第 4 行为 id 是 background 的图片按钮添加了图片名为 background 的背景图；“@drawable/background”表示设置背景资源图片，@ 表示后面的字符串是图片资源，background 表示需要引入的图片名称；这里我们需要先将按钮背景图 background.jpg 预先 Import 至 res/drawable 里。

第 5 行表示该图片按钮的上下文说明；“@string/hello_world”表示在 res/values/strings.xml 文件中 name 为 hello_world 的字符串。

同时需要为 ImageButton 控件添加单击事件的监听器，代码如下所示。

程序清单：06/6.3/client/CourseMis/src/com/coursemis/MainActivity.java

```
ImageButton loginimage=(ImageButton) this.findViewById(R.id.mybackground);
loginimage.setOnClickListener(new View.OnClickListener(){
    @Override
    public void onClick(View arg0) {
        // TODO Auto-generated method stub
        ......
    }
});
```

6.3.3 单选按钮

单选按钮（RadioButton）是分组的两状态按钮，呈现给用户很多二选一的选项，且一次只能选中其中一个。

本系统中用户登录界面上用户类型的选择便是使用了单选按钮，代码如下所示。

程序清单：06/6.3/client/CourseMis/res/layout/activity_login.xml

```
1.  <RadioGroup android:id="@+id/type"
2.       android:contentDescription="用户类型"
3.       android:layout_width="wrap_content"
4.       android:layout_height="wrap_content" >

5.    <RadioButton android:id="@+id/student"
```

```
6.          android:text="学生"
7.          android:checked="true"
8.          android:layout_width="wrap_content"
9.          android:layout_height="wrap_content">
10.     </RadioButton>
11.     <RadioButton android:id="@+id/teacher"
12.          android:text="教师"
13.          android:layout_width="wrap_content"
14.          android:layout_height="wrap_content">
15.     </RadioButton>
16.   </RadioGroup>
```

- 第1行<RadioGroup>标签声明了一个RadioGroup。
- 第5行、第11行分别声明了两个RadioButton，这两个RadioButton是RadioGroup的子元素。

RadioButton设置单击事件监听器的方法，与Button设置单击事件监听器中介绍的方法相似，唯一不同在于将Button.OnClickListener换成了RadioGroup.OnCheckedChangeListener，代码如下。

程序清单：06/6.3/client/CourseMis/src/com/coursemis/LoginActivity.java

```
rg_type = (RadioGroup) findViewById(R.id.type);
rg_type.setOnCheckedChangeListener(new RadioGroup.OnCheckedChangeListener() {
    @Override
    public void onCheckedChanged(RadioGroup group, int checkedId) {
        //TODO Auto-generated method stub
    }
});
```

6.3.4 下拉框

下拉框（Spinner）是一种能够从多个选项中选择其中一项的控件，类似于桌面程序的组合框（ComboBox），但没有组合框的下拉菜单，而是使用浮动菜单为用户提供选择。

为了使用下拉框，可以把系统中用户登录页面中的用户类型选择改写成下拉框。XML代码如下所示。

程序清单：06/6.3/client/CourseMis/res/layout/activity_login.xml

```
1.  <Spinner
2.      android:id="@+id/type"
3.      android:layout_width="wrap_content"
4.      android:layout_height="wrap_content" />
```

第1行使用<Spinner>标签声明了一个Spinner控件。

在LoginActivity.java文件中，定义一个ArrayAdapter适配器，在ArrayAdapter中添加需要在Spinner中可以选择的内容，需要在代码中引入android.widget.ArrayAdapter和android.widget.Spinner。代码如下。

程序清单：06/6.3/client/CourseMis/src/com/coursemis/LoginActivity.java

```
1.  private List<String> list  = new ArrayList<String>();
    ......
2.  protected void onCreate(Bundle savedInstanceState) {
      ......
3.    Spinner spinner=(Spinner)findViewById(R.id.type);
4.    list .add("教师");
5.    list .add("学生");
6.    ArrayAdapter<String> adapter = new ArrayAdapter<String>(this,
                      android.R.layout.simple_spinner_item, list );
7.    adapter.setDropDownViewResource(android.R.layout.simple_spinner_dropdown_item);
8.    spinner.setAdapter(adapter);
9.    spinner.setOnItemSelectedListener(new OnItemSelectedListener(){
          @Override
10.       public void onItemSelected(AdapterView<?> arg0, View arg1,
                      int arg2, long arg3) {
             //TODO Auto-generated method stub
11.          type = ""+list.get(arg2);
12.          }
13.          @Override
14.          public void onNothingSelected(AdapterView<?> arg0) {
15.             //TODO Auto-generated method stub
16.          }
17.     });
18. }
```

- 第1行代码建立了一个字符串数组列表（ArrayList），这种数组列表可以根据需要进行增减，<String> 表示数组列表中保存的是字符串类型的数据。
- 在代码的第4、5行中，使用 add() 函数分别向数组列表中添加2个字符串。
- 第6行代码建立了一个 ArrayAdapter 的数组适配器，数组适配器能够将界面控件和底层数据绑定在一起。
- 第7行代码设定了 Spinner 的浮动菜单的显示方式，其中，android.R.layout.simple_spinner_dropdown_item 是 Android 系统内置的一种浮动菜单。
- 第8行代码实现绑定过程，将显示在 Spinner 的浮动菜单中，设置 android.R.layout.simple_spinner_item 浮动菜单。

6.3.5 列表视图

列表视图（ListView）是一种用于垂直显示的列表控件，如果显示内容过多，则会出现垂直滚动条。它能够通过适配器将数据和自身绑定，在有限的屏幕上提供大量内容供用户选择，所以是经常使用的用户界面控件。

ListView 支持单击事件处理，用户可以用少量的代码实现复杂的选择功能。

由于后面的章节会对 ListView 的使用进行详细介绍，这里就不再进一步说明了。

扩展练习

1. 简要概述几种常见布局方式的区别。

2. 结合本章内容，设计一个如下图所示的用户登录界面。

3. 设计一个如同播放器布局的 Android 应用程序，效果如下图所示。

第7章 用户管理

本章介绍用户管理功能的相关内容，主要指对课程管理系统的用户的管理，包括登录和密码修改。本章通过对用户管理功能的解析简单地介绍 Activity 与 Intent 之间的使用方法与关系、消息提示框的使用、菜单的使用等，使读者了解 Activity 间数据传递、消息提示的处理，熟悉 SQLite 数据库知识，熟练掌握如何创建菜单项等。

学习重点

- Activity 与 Intent 的建立、配置和使用
- Intent 如何实现数据的传递
- 使用 Toast 显示提示信息框
- 使用 AlertDialog 创建简单的对话框
- SQLite 数据库的创建和使用
- 使用 SharedPreferences 保存数据
- 菜单的创建和使用

7.1 功能分析和设计

课程管理系统面向的用户包括教师、学生，用户通过登录功能，输入正确的验证信息后进入系统。在这里登录功能作为课程管理系统的入口，用户进入系统后可执行其他操作。根据系统需要，系统用户不需注册，由系统管理员在后台数据库添加，而密码的设定与用户名一致。针对这一原因，用户需拥有修改自身密码的权限，以保证用户信息的安全性。本章所说的用户管理主要针对用户登录和修改密码进行详细介绍。

根据以上系统用户的需求我们为用户管理作出一个详细的功能结构图，如图 7-1 所示。

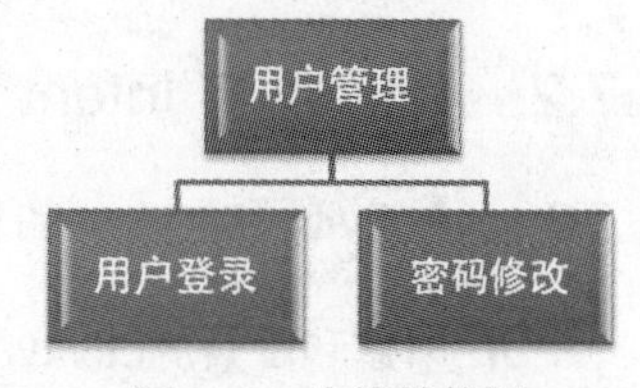

图 7-1 功能结构图

7.1.1 用户登录

用户登录功能作为课程管理系统的入口，即对用户名、密码、角色的验证。验证内容包括：用户名是否存在、密码是否正确、用户名或密码是否为空、用户名和用户角色是否匹配等。基于课程管理系统的性质，所有用户的信息均由管理人员直接添加到服务器数据库。用户输入的验证信息完全与数据库中内容匹配才能进入系统主界面。本系统用户角色有两类：教师和学生。系统用户根据各自角色进入相应的系统管理界面、拥有不同的权限。

课程管理系统主界面如图 7-2 所示。

单击图 7-2 中的“课程管理系统！”图片，进入用户登录界面，如图 7-3 所示。

图 7-2　课程管理系统界面

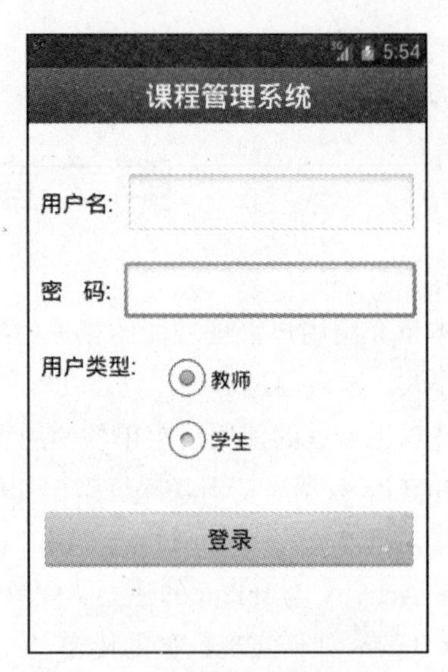

图 7-3　用户登录界面

7.1.2　用户密码修改

课程管理系统会给每个用户分配一个初始密码，用户成功登录后可以根据密码修改功能修改自己的密码，以提高用户信息的安全性。

密码修改界面，如图 7-4 所示。用户输入与后台数据库匹配的“原始密码”，并且确保输入的“新密码”和“确认密码”的输入信息一致。

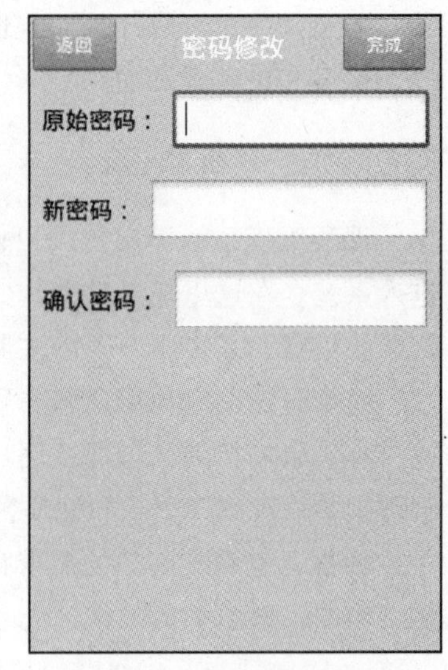

图 7-4　密码修改页面

7.2　Activity 与 Intent

7.2.1　Activity 和 Intent 的使用

1. 创建和配置 Activity

Activity 是 Android 应用的重要组成单元之一，也是最常见的组件之一。实际应用中使用多个不同的 Activity 向用户呈现不同的操作界面，多个 Activity 组成 Activity 栈，当前活动的 Activity 位于栈顶。对于 Android 应用而言，Activity 主要负责与用户交互。

（1）建立 Activity

建立应用自己的 Activity，需要对 Activity 类进行扩展，在新类定义用户界面并实现新的功能。以创建登录 Activity 为例，详细步骤参考 5.2 节，文件名为 LoginActivity.java。

（2）配置 Activity

Android 应用要求所有应用程序组件都必须进行配置。为了在 AndroidManifest.xml 配置文件中配置、管理应用程序的 Activity，可以在清单文件的 <application.../> 元素中增加 <activity.../> 子元素。

配置 Activity 时通常指定如下三个属性。

name：指定该 Activity 实现类的类名。

icon：指定该 Activity 对应的图标。

label：指定该 Activity 的标签。

修改配置文件 AndroidManifest.xml，实现对 LoginActivity 的配置，加入如下代码。

程序清单：07/7.2/client/CourseMis/AndroidManifest.xml

```
<activity
        android:name="com.coursemis.LoginActivity"
        android:label="@string/title_activity_login" >
</activity>
```

上述代码为在配置文件 AndroidManifest.xml 中配置 Activity 文件，android:name 指定 LoginActivity 的实现类为 com.coursemis.LoginActivity，android:label 属性定义 LoginActivity 活动的标签为 title_activity_login（在 strings.xml 中赋值为 LoginActivity）。

2. Intent 的使用

之前介绍 Activity 时使用到 Intent，当一个 Activity 需要启动另一个 Activity 时，程序并没有直接告诉系统要启动哪个 Activity，而是通过 Intent 来表达自己的意图。Intent 封装 Android 应用程序需要启动某个组件的“意图”，同时 Intent 也是应用程序组件之间通信的重要媒介，正如前面程序看到的，两个 Activity 可以把需要交换的数据封装成 Bundle 对象，然后使用 Intent 来携带 Bundle 对象，从而实现两个 Activity 之间的数据交换。

使用 Intent 启动并获取其他 Activity 的数据。

应用程序采用 Intent 来启动 Activity 组件，Intent 就封装了程序想要启动程序的意图，还可以用于与被启动组件交换信息。

Intent 在登录功能中的使用详见 7.2.3 节代码。

7.2.2 Intent 实现两个 Activity 间的数据传输

当一个 Activity 启动另一个 Activity 时，常常会有一些数据需要传递过去，在两个 Activity 之间有一个作为信使作用的 Intent，因此我们主要将需要交换的数据放入 Intent 即可。

Intent 提供了多个重载的方法来“携带”额外的数据，如下所示。

- PutExtras（Bundle data）：向 Intent 中放入需要“携带”的数据。Bundle 就是一个简单的数据携带包，该 Bundle 对象包含了多个方法来存入数据。
- PutXxx（String key，Xxx data）：向 Bundle 放入 int、long 等各种类型的数据。Xxx 为数据的类型。
- PutSerializable（String key，Serializable data）：向 Bundle 中放入一个可序列化的对象。为了取出 Bundle 数据携带包里的数据，Bundle 提供了如下方法。
- getXxx（String key）：从 Bundle 取出 int、long 等各种类型的数据。
- getSerializable（String key，Serizlizable data）：从 Bundle 取出一个可序列化的对象。

以教师登录为例，在本系统中教师用户在 LoginActivity 文件中处理成功登录的情况。用户在输入正确的验证信息登录成功后需要跳转到 WelcomeActivity 文件，从而进入课程管理系统的用户主界面（学生用户则是跳转到 StuMainActivity）。由于存在不同类型的用户，不同用户的功能权限不同，主界面显示也不同，所以需要从 LoginActivity 传输教师用户的详细信息给 WelcomeActivity。

在用户登录功能中，为了实现以键－值对的形式把用户信息数据放入 Bundle，并向 Intent 中放入“携带”的数据。需要修改 LoginActivity 文件的内容，即当单击“登录”触发事件监听器时，应用进入 WelcomeActivity，WelcomeActivity 将会获取 LoginActivity 中的数据。因为用户角色有两种：“学生”和“教师”。所以处理“携带”的用户信息数据分为两种情况，此处以“教师”角色为例。

当用户角色为教师时，首先在 com.coursemis.util 包下建立 DialogUtil.Java 文件。

程序清单：07/7.2/client/CourseMis/src/com/coursemis/util/DialogUtil.java

然后为了向 Intent 中放入用户登录信息，修改 LoginActivity 文件，在按钮事件监听器 login.setOnClickListener 的 onClick 方法中添加相应的代码，部分代码如下所示。

程序清单：07/7.2/client/CourseMis/src/com/coursemis/LoginActivity.java

```
client.post(HttpUtil.server_login, getLoginParams(),new JsonHttpResponseHandler() {
    @Override
    public void onSuccess(int arg0, JSONObject arg1) {
        //TODO Auto-generated method stub
        if(type.equals("教师")){
                //从 JSON 中获取 Teacher 对象
                Teacher teacher = getTeacherFromJSON(arg1.optJSONArray("result").
                                        optJSONObject(0));

                //创建一个 Intent 对象，实现 LoginActivity 和 WelcomeActivity 的连接
                Intent intent = new Intent(LoginActivity.this, WelcomeActivity.class);
                //创建一个 Bundle 对象，用来"携带"用户信息数据
                Bundle bundle = new Bundle();
                //将 Teacher 对象放入 Bundle 对象中
                bundle.putSerializable("teacher", teacher);
                bundle.putInt("teacherid", teacher.getTId());
                bundle.putString("type", type);
                intent.putExtras(bundle);
                LoginActivity.this.startActivity(intent);
                LoginActivity.this.finish();
        }
        super.onSuccess(arg0, arg1);
    }
});
```

上面程序中粗体字代码根据用户创建一个 Teacher 对象，一个 Bundle 对象和一个 Intent 对象。Bundle 对象调用 putSerializable("teacher", teacher) 将 Teacher 对象放入该 Bundle 中，然后再用 Intent 来携带这个 Bundle，这样就可将 Teacher 对象传入第二个 Activity。

接下来，用户进入 WelcomeActivity 中并获取用户信息，修改 WelcomeActivity 中的代码，重写 onCreate() 方法，代码如下。

程序清单：07/7.2/client/CourseMis/srccom/coursemis/WelcomeActivity.java

```
Intent intent = getIntent();
//获取 Intent 传入的数据 "teacherid"
teacherid = intent.getExtras().getInt("teacherid");
final String type = intent.getExtras().getString("type");
```

上面程序用于获取前一个 Activity 所传过来的数据，本段代码是获取由 Intent 携带的从 LoginActivity 传入 WelcomeActivity 中的 Teacher 对象的教师类型数据信息。其中变量“teacherid”被定义为 int 型。

7.2.3　Intent 传输数据的测试

在上一小节中 WelcomeActivity 文件添加了利用 Intent 获取 type 的语句，为了测试 Intent 实现两个 Activity 间的数据传输功能，只需在该语句后添加如下代码。运行效果如图 7-5 所示。

```
Log.i("Intent 测试：登录用户类型为 ", type);
```

注：因为是用来测试功能实现的，测试完毕后可将该语句删除。

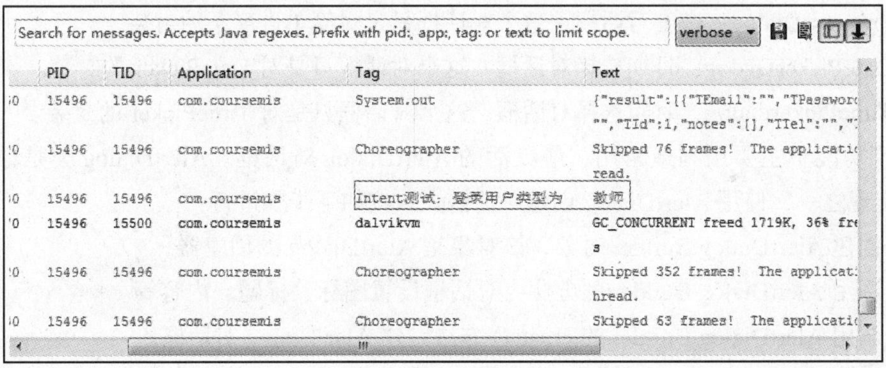

图 7-5　Intent 测试

7.3　登录消息提醒

7.3.1　添加 Toast 显示登录成功消息提示框

Toast 是一种短暂出现的提示消息框，它们只在屏幕上显示几秒钟，然后就会消失，不会打断当前活动的应用程序。这个提示信息框用于向用户生成简单的提示信息。

使用 Toast 来生成提示消息的步骤：

1）调用 Toast 的构造器或 makeText 方法创建一个 Toast 对象。

2）调用 Toast 的方法来设置该消息提示的对齐方式、页边距、显示内容等。

3）调用 Toast 的 show() 方法将它显示出来。

在登录功能中，用户登录后，为了给用户提示操作反馈，可以使用 Toast 提示框来实现这一效果。如 7.3.3 节图 7-9 所示。

为了实现上述效果，用户角色为教师，并且用户名和密码验证成功时，修改LoginActivity文件中按钮事件监听器login.setOnClickListener中post方法内的onSuccess方法，添加相应的代码，如下所示。

程序清单：07/7.3/client/CourseMis/src/com/coursemis/LoginActivity.java

```
Toast.makeText(LoginActivity.this,"恭喜您 "+teacher.getTName()+"登录成功",
                                Toast.LENGTH_SHORT).show();
```

上面的程序代码调用了Toast的makeText方法来创建一个Toast对象，调用show()方法将Toast的文本信息显示出来。

7.3.2 添加AlertDialog显示提交的验证信息有误提示对话框

对话框是桌面、Web和移动应用程序中一个常见的UI元素。它们用来帮助用户回答问题、做出选择、确认动作以及显示警告或者错误消息。Android中的对话框是一个半透明的浮动窗口，它会部分地遮挡启动它的活动。

Android提供了以下4种常用的对话框。

- AlertDialog：功能最丰富、实际应用最广的对话框。
- ProgressDialog：进度对话框，这个对话框只是对简单进度条的封装。
- DatePickerDialog：日期选择对话框，这个对话框只是对DatePicker的封装。
- TimePickerdialog：时间选择对话框，这个对话框只是对TimePicker的封装。

登录功能中主要用到最常用、最灵活的AlertDialog对话框。AlertDialog类是最通用的Dialog实现之一，使用AlertDialog创建对话框大致按如下步骤进行：

1）创建AlertDialog.Builder对象，该对象是AlertDialog的创建器。

2）调用AlertDialog.Builder的方法为对话框设置图标、标题、内容等。

3）调用AlertDialog.Builder的create()方法创建AlertDialog对话框。

4）调用AlertDialog的show()方法显示对话框。

在系统登录功能中，为了使登录功能更加完善，需要对提交的用户信息进行验证，在Button监听事件最开始的地方，用来校验输入信息是否符合规范，防止用户名、密码输入为空等，本系统中通过validate方法来实现这些信息的验证。修改LoginActivity文件，添加boolean类型的方法validate()来实现上述功能，代码如下。

程序清单：07/7.3/client/CourseMis/src/com/coursemis/LoginActivity.java

```
// 对用户输入的用户名、密码进行校验
  private boolean validate()
    {
        username = (EditText) findViewById(R.id.username);
        password = (EditText) findViewById(R.id.password);
        String name = username.getText().toString().trim();
        if (name.equals(""))
        {
            DialogUtil.showDialog(this, "用户账户是必填项！", false);
            return false;
```

```
        }
        String pwd = password.getText().toString().trim();
        if (pwd.equals(""))
        {
            DialogUtil.showDialog(this, "用户密码是必填项! ", false);
            return false;
        }
        return true;
    }
```

对于错误的用户信息，我们需使用提示对话框的方式进行显示。为了统一对话框格式，我们把提示框显示封装成DialogUtil类，上面程序中粗体部分表示DialogUtil对象调用DialogUtil类中的showDialog()方法用以实现弹出提示框功能。实现效果如7.3.3节中图7-6和图7-7所示。

另外，当用户名和密码都不为空时，单击“登录”按钮将用户信息与数据库进行匹配，如果匹配不成功则弹出如7.3.3图7-8所示对话框。

为了在登录页面中使用对话框提示效果，需要修改LoginActivity文件，在按钮事件监听器login.setOnClickListener中增加一个判断条件：validate()为真时执行post方法。并添加onFailure()方法验证用户名和密码是否与数据库中匹配，此方法将在服务器端进行逻辑验证时被调用。代码如下。

程序清单：07/7.3/client/CourseMis/src/com/coursemis/LoginActivity.java

```
public void onFailure(Throwable arg0, JSONObject arg1) {
    //调用 DialogUtil 类中的 showDialog 方法设置提示框的内容为"用户名或密码错误"
                DialogUtil.showDialog(LoginActivity.this, "用户名或密码错误", true);
                System.out.println(arg0.toString());
                super.onFailure(arg0, arg1);
        }
```

上述代码中的粗体部分是为了调用DialogUtil类中的showDialog方法，该方法有三个参数，其中第一个参数表示要显示对话框的Activity；第二个参数为对话框显示的消息；第三个参数为布尔型标识，其值为“true”时为对话框设置一个“确定”按钮，并结束当前Activity，其值为“false”时仅为对话框设置一个“确定”按钮不结束当前Activity。

7.3.3 测试登录消息提醒

登录消息提醒测试包括以下内容：

1. 用户名输入为空

用户进入登录界面，在用户名和密码文本框内输入用户信息，当用户名文本框为空时单击“登录”按钮，出现提示信息，如图7-6所示。

2. 密码输入为空

用户进入登录界面，在用户名和密码文本框内输入用户信息，当密码为空时单击“登录”按钮，出现提示信息，如图7-7所示。

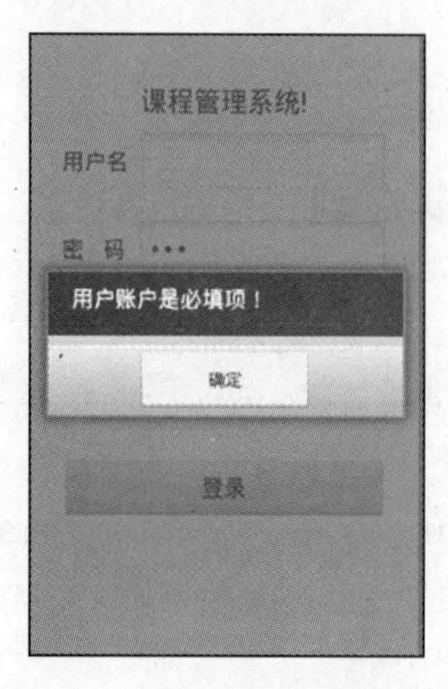

图 7-6 用户名为空的提示信息

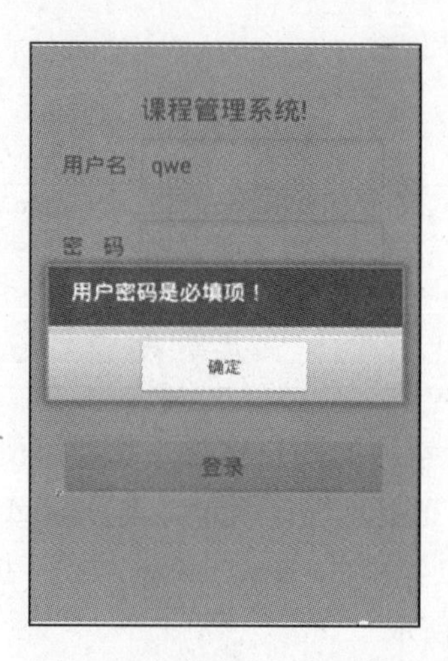

图 7-7 密码为空的提示信息

3: 用户名或密码输入错误

用户进入登录界面后，在用户名和密码文本框分别输入用户信息，当用户名或密码与数据库不匹配时单击“登录”按钮，出现的提示信息，如图 7-8 所示。

4. 登录成功

用户进入登录界面后，在用户名和密码文本框分别输入用户信息，当用户名或密码与数据库匹配时单击“登录”按钮，出现的提示信息，如图 7-9 所示。

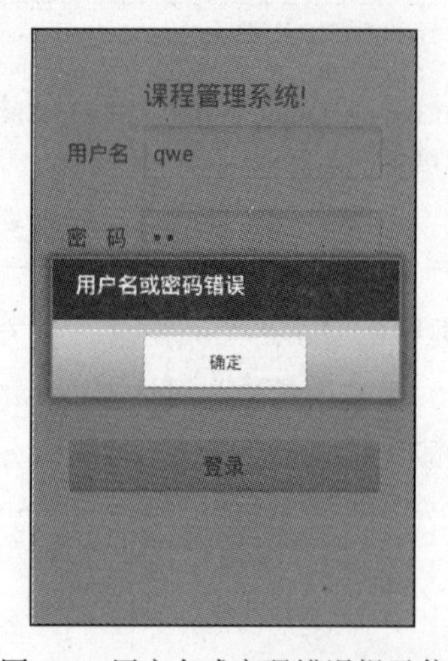

图 7-8 用户名或密码错误提示信息

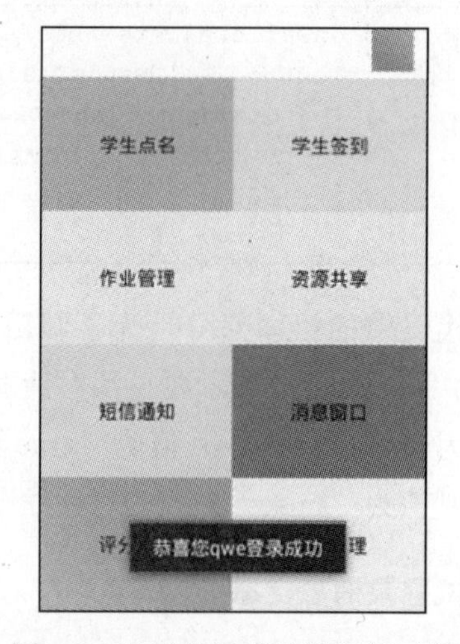

图 7-9 显示登录成功消息提示框

7.4 用户信息 SQLite 存储

SQLite 是一款轻型的数据库，是遵守 ACID 的关联式数据库管理系统。它的设计目标是嵌入式的，而且目前已经在很多嵌入式产品中使用，它占用资源非常低，在嵌入式设备中，可能只需要几百 K 的内存就够了。SQLite 专门适用于在资源有限的设备（如手机、PDA 等）上进行适量数据存取。

7.4.1 创建名为 UserInfo 的 SQLite 数据库

如果应用程序只有少量数据需要保存，那么使用普通文件就可以了；但如果应用程序有大量数据需要存储、访问，就需要借助于数据库了，Android 系统内置了 SQLite 数据库。SQLite 数据库是一个真正轻量级的数据库，它没有后台进程，整个数据库就对应一个文件，这样可以非常方便地在不同设备之间移植。

Android 提供的 SQLiteDatabase 代表一个数据库，当应用程序获得了代表指定数据库的 SQLiteDatabase 对象，接下来就可以通过 SQLiteDatabase 对象来管理、操作 SQLite 数据库。SQLiteDatabase 提供了如下静态方法来打开一个文件对应的数据库。

1）static SQLiteDatabase openDatabase(String path,SQLiteDatabase.CursorFactory factory, int flags)：打开 path 路径所代表的 SQLite 数据库。

2）static SQLiteDatabase openOrCreateDatabase(File file,SQLiteDatabase.CursorFactory factory)：打开或创建（如果不存在）file 文件所代表的 SQLite 数据库。

3）static SQLiteDatabase openOrCreateDatabase(String path,SQLiteDatabase.CursorFactory factory) 打开或创建（如果不存在）path 路径所代表的 SQLite 数据库。

在登录功能中，用户提交用户信息进入课程管理系统时，为了记住用户登录信息，避免用户重新登录时再次输入用户信息，需要建立一个 SQLite 数据库将提交的用户信息存入这个当地数据库。

首先在 LoginActivity 类中定义一个名为“db”的 SQLiteDatabase 对象，修改 onCreat() 方法，使用 SQLiteDatabase 的静态方法打开或创建 SQLite 数据库，在按钮监听方法前面添加代码如下。

程序清单：07/7.4/client/CourseMis/src/com/coursemis/LoginActivity.java

```
db = SQLiteDatabase.openOrCreateDatabase(this.getFilesDir().toString() + "/Cour-
seUser.db3", null);
```

上述代码表示，如果“CourseUser”文件存在（如果数据库文件存在，可以通过 7.4.4 中的方法找到该文件），那么程序就是打开该数据库；如果文件不存在，则上面的代码将会在该目录下创建“CourseUser”文件。

在创建了“CourseUser”SQLite 数据库之后，接下来要在该数据库中建立 user_info 数据库表，创建数据表核心代码如下所示。

程序清单：07/7.4/client/CourseMis/src/com/coursemis/LoginActivity.java

```
//创建 user_info 数据表
private void CreateTable()
{
    //执行 DDL 创建数据表
    db.execSQL("create table user_info(_id integer primary key autoincrement,"
            +"user_name varchar(50),"
            +"user_password varchar(50),"
            +"user_type varchar(8))");
}
```

上述代码主要实现在 SQLite 数据库 CourseUser 中创建数据表 user_info。该表包含 user_name、user_password、user_type 三个字段。

7.4.2 使用 SQL 语句操作 CourseUser 数据库的用户信息

在程序中获取 SQLiteDatabase 对象之后，接下来就可调用 SQLiteDatabase 的如下方法来操作数据库。

- execSQL(String sql,Object[]bindArgs)：执行带占位符的 SQL 语句。
- execSQL(String sql)：执行 SQL 语句。
- insert(String table,String nullCollumnHack,ContentValues values)：向执行表中插入数据。
- update(String table,ContentValues values,String whereClause,String[]whereArgs)：更新指定表中特定数据。
- delete(String table,String whereClause,String[]whereArgs)：删除指定表中的特定数据。
- Cursor query(String table,String[]columns,String selection,String[]selectionArgs,String groupBy,String having,String orderBy)：对指定数据表执行查询语句。
- Cursor query(String table,String[]columns,String selection,String[]selectionArgs,String groupBy,String having,String orderBy,String limit)：对指定表执行查询语句。limit 参数控制最多查询几条记录（用于控制分页的参数）。
- Cursor query(Boolean distinct,String table,String[]columns,String selection,String[]selectionArgs,String groupBy,String having,String orderBy,String limit)：对指定表执行查询语句。其中第一个参数控制是否去除重复值。
- rawQuery(String sql,String[]selectionArgs)：执行带占位符的 SQL 查询。
- beginTransaction()：开始事务。
- endTransaction()：结束事务。

7.4.1 节已经建立了 SQLite 数据库 CourseUser 和用户信息表 user_info，接下来就需要对数据库表进行插入、删除、修改等操作。本系统中通过在 LoginActivity 文件添加 insertData() 方法，实现将已经登录的用户信息存入这个表中。insertData() 方法代码如下所示。

程序清单：07/7.4/client/CourseMis/src/com/coursemis/LoginActivity.java

```
private void insertData(SQLiteDatabase db,String name,String password,String
type){
    String sql = "insert into user_info values(null,?,?,?)";
    db.execSQL(sql, new String []{name,password,type});
    }
```

在 CourseUser 数据库中建立 user_info 表是在用户登录验证成功的情况下完成，而且要根据登录的角色不同，用户信息插入代码不同。以“教师”角色为例，在客户端成功接收到服务器对用户登录信息的验证后，在 OnSuccess() 方法的适当位置加入如下代码。

程序清单：07/7.4/client/CourseMis/src/com/coursemis/LoginActivity.java

```
public void onSuccess(int arg0, JSONObject arg1) {
/*
```

```
......
(接收服务器用户登录验证反馈信息代码)
......
*/
try{
    insertData(db,teacher.getTName(),teacher.getTPassword(),"教师");
}
catch(SQLiteException se){
    createTable();
    //执行insert语句插入数据
    insertData(db,teacher.getTName(),teacher.getTPassword(),"教师");
}
/*(对话框提示代码)*/
/*(页面的跳转代码)*/
    super.onSuccess(arg0, arg1);
}
```

在程序中执行上面的代码，向SQLite数据库的user_info数据库表中插入一条教师用户的用户信息记录，如果已存在user_info数据表就直接插入数据，否则在数据库中创建名为user_info的数据表，再插入教师用户信息。

7.4.3 从Cursor中提取用户信息查询结果

Cursor在Android中类似于JDBC的ResultSet，Cursor提供了更多便捷的方法来操作结果集。Cursor提供了如下方法来移动查询结果的记录指针。

- Move(int offset)：将记录指针向上或向下移动指定的行数。offset为正数就是向下移动；为负数就是向上移动。
- boolean moveToFirst()：将记录指针移动到第一行，如果移动成功则返回true。
- boolean moveToLast()：将记录指针移动到最后一行，如果移动成功则返回true。
- boolean moveToNext()：将记录指针移动到下一行，如果移动成功则返回true。
- boolean moveToPosition(int position)：将记录指针移动到指定的行，如果移动成功则返回true。
- boolean moveToPrevious()：将记录指针移动到上一行，如果移动成功则返回true。

当将记录指针移动到指定行之后，接下来就可以调用Cursor的getXxx()方法获取该行的指定列的数据。

课程管理系统将用户登录信息都存储在UserInfo数据库中，将最新添加的用户登录信息封装在Cursor结果集中，登录界面用户名和密码文本框内默认显示为此结果集内容。在onCreate()方法内添加如下所示的代码。

程序清单：07/7.4/client/CourseMis/src/com/coursemis/LoginActivity.java

```
try{
    //创建Cursor对象，调用rawQuery方法查询user_info表中的记录封装到cursor结果集
    Cursor cursor = db.rawQuery("select * from user_info", null);
    //获取最结果集中最后一行用户信息
    if(cursor.moveToLast()){
        username.setText(cursor.getString(cursor.getColumnIndex("user_name")));
        password.setText(cursor.getString(cursor.getColumnIndex("user_password")));
```

```
            if(cursor.getString(cursor.getColumnIndex("user_type")).equals("教师")){
                rg_type.check(R.id.teacher);
            }
            else if(cursor.getString(cursor.getColumnIndex("user_type")).equals("学生")){
                rg_type.check(R.id.student);
            }
        }
    }
    catch(SQLiteException se){

    }
```

上面程序代码的粗体部分用来查询 user_info 数据表中的全部用户登录信息，返回 Cursor 对象。调用 moveToLast() 方法将 Cursor 对象的记录指针移动到最后一行，把该记录的内容填充到用户登录界面中。

7.4.4 测试 UserInfo 数据库

1.UserInfo 数据库的建立

当应用程序建立一个 SQLite 数据库时 Android 将该文件存储在 /data/data/ 包名 /files 目录下。可以在 Eclipse 中使用 adb 命令或 File Explorer 视图（Window → Show View → Other → Android → File Explorer → date）来查看、移动或删除它。创建效果如图 7-10 所示。

2. 利用 Cursor 提取用户信息

以用户“asd”为例，当用户“asd”登录成功后，再次返回登录界面时，用户信息会默认出现在登录界面，如图 7-11 所示。

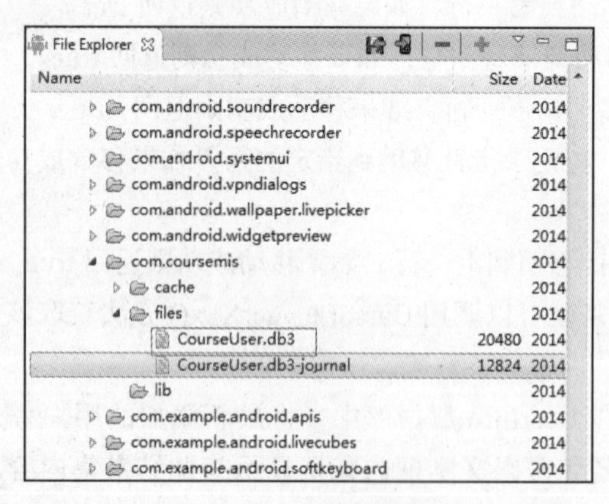

图 7-10 SQLite 将整个数据库存储在一个文件中

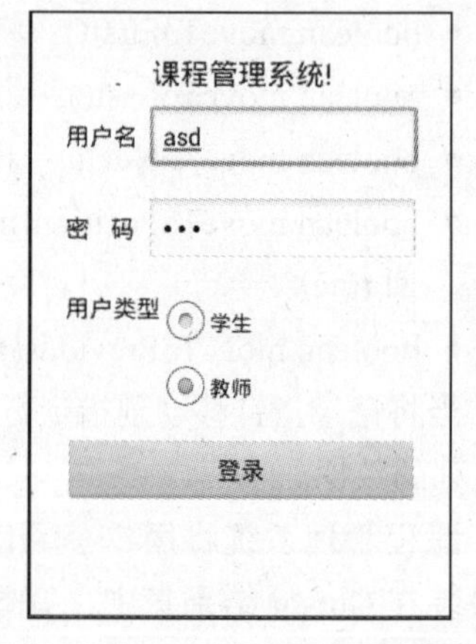

图 7-11 利用 Cursor 实现用户信息提取

7.5 使用 SharedPreferences 保存数据

很多时候我们开发的软件需要向用户提供软件参数设置功能，对于软件配置参数的保存，Android 平台给我们提供一个 SharedPreferences 类，它是一个轻量级的存储类，特别适合用于保存软件配置参数。

SharedPreferences 支持基本类型如布尔类型、字符串、浮点型、长整型和整型，这使得它成为快速存储默认数值、类实例变量、当前的UI状态和用户首选项的理想方法。最常见的是将其用于在用户会话间保留数据，在应用程序组件间共享设置。

7.5.1 SharedPreferences 概述

共享首选项，即SharePerferences，保存的数据主要是类似于配置信息格式的数据。首选项可以用来保存并还原实例状态、To-Do List状态、保存和加载文件等。

应用程序使用SharedPreferences保存活动实例详细信息，使用SharedPreferences类能够在应用程序中创建已命名的键－值对映射，它们能够在运行在相同的应用程序环境中的应用程序组件之间被共享。其存储位置在/data/data/<包名>/shared_prefs目录下。SharedPreferences对象本身只能获取数据而不支持存储和修改，存储修改是通过Editor对象实现。

SharePerferences接口主要负责读取应用程序的Perferences数据，它提供了如下常用方法来访问SharedPreferences中的键－值对。

- boolean contains(String key)：判断SharedPreferences是否包含特定key的数据。
- abstract Map<String,?>getAll()：获取SharedPreference数据里全部的key-value(键－值）对。
- boolean getXxx(String key,xxx defValue)：获取SharedPreferences数据里指定key对应的value。如果该key不存在，返回默认值defValue。其中xxx可以是boolean、float、int、long、String等各种基本类型的值。

SharedPreferences本身是一个接口，程序无法直接创建SharedPreferences实例，只能通过Context提供的getSharedPreferences(String name,int mode)方法来获取SharedPreferences实例。其中第一个参数用于指定该文件的名称，名称不用指定后缀，后缀会由Android自动添加；第二个参数指定文件的操作模式，共有三种操作模式。

- MODE_PRIVATE：指定该SharedPreferences数据只能被本应用程序读、写。
- MODE_WORLD_READABLE：指定该SharedPreferences数据能被其他应用程序读，但不能写。
- MODE_WORLD_WRITEABLE：指定该SharedPreferences数据能被其他应用程序读、写。

SharedPreferences接口本身并没有提供写入数据的能力，而是通过SharedPreferences数据里指定内部接口，SharedPreferences调用edit()方法即可获取它所对应的Editor对象。Editor提供了如下方法来向SharedPreferences写入数据。

- SharedPreferences.Editor clear()：清空SharedPreferences里所有数据。
- SharedPreferences.Editor putXxx(String key,xxx value)：向SharedPreferences存入指定key对应的数据。其中xxx可以是boolean、float、int、long、string等各种基本类型的值。
- SharedPreferences.Editor remove(String key)：删除SharedPreferences里指定key对应的数据项。
- Boolean commit()：当Editor编辑完成后，调用该方法提交修改。

7.5.2 保存用户信息活动状态

在用户登录功能中，使用SharedPreferences保存用户登录系统后的信息活动状态。

首先，在 LoginActivity 类中定义 SharedPreferences 对象和 SharedPreferences.Editor 对象，代码如下所示。

程序清单：07/7.5/client/CourseMis/src/com/coursemis/LoginActivity.java

```
private SharedPreferences preferences;
private SharedPreferences.Editor editor;
```

其次，改写 onCreate() 方法，实例化上面两个对象。代码如下所示。

```
preferences = getSharedPreferences("courseMis", 0);
editor = preferences.edit();
```

上述代码中，调用了 getSharedPreference("courseMis",0)，其中 courseMis 为获取信息的文件名，第二个参数“0”表示如果 preferences 中没有数据则默认为 0。

最后，将登录成功的用户信息写入 SharedPreferences 中，要根据登录的角色不同，添加不同的实现。以“教师”角色为例，在 onSuccess() 方法中，向 SQLite 数据库插入用户数据操作后添加如下代码：

```
//存储简单的用户信息到 SharedPreferences.Editor 对象
editor.putInt("teacherid", teacher.getTId());
editor.putString("type", "教师");
editor.commit();
```

7.5.3 还原用户信息活动状态

前面 7.5.2 节讲到如何向 SharedPreferences 中写入数据，接下来要完成从 SharedPreferences 中读出数据。以“教师”用户登录成功进入系统为例，在 7.2.3 节中，WelcomeActivity 类通过 Intent 获取用户信息，Intent 数据传输只适用于两个 Activity 之间的传输的数据，数据生命周期短，它的数据不是持久化状态，跳转到第二个 activity 时数据就无效了；SharedPreferences 主要用于整个系统的活动状态保存，存在数据文件中，是简单的存储持久化的设置，就像用户每次打开应用程序时的主页，它只是一些简单的键－值对来操作。它将数据保存在一个 xml 文件中。

要使用 SharedPreferences 还原用户信息活动状态，需要将 WelcomeActivity 中获取信息的代码修改为如下所示代码，以获取用户角色类型。

程序清单：07/7.5/client/CourseMis/src/com/coursemis/WelcomeActivity.java

```
preferences = getSharedPreferences("courseMis", 0);
teacherid = preferences.getInt("userid", 0);//0 为默认值
String usertype = preferences.getString("type", "");
Toast.makeText(WelcomeActivity.this,"type:"+type, Toast.LENGTH_SHORT).show();
```

7.5.4 测试用户信息活动状态的保存和还原

教师用户“qwe”登录成功进入教师主界面，将用户信息保存在 SharePreferences 内，并在教师管理主界面还原 SharePreferences 里的数据信息。如图 7-12 为还原用户的角色效果。

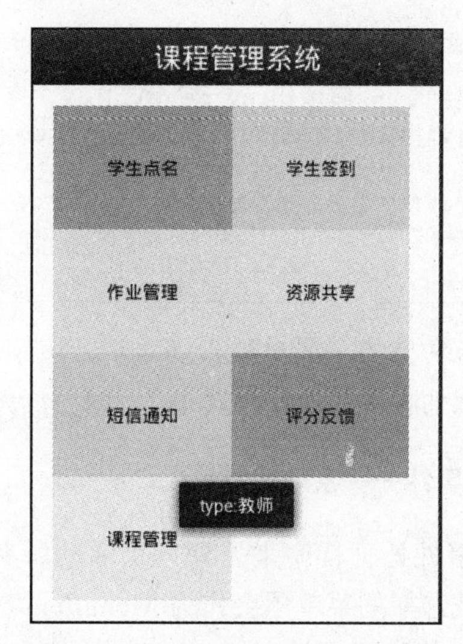

图 7-12　用户信息的写入和还原

7.6　密码修改功能设计

7.6.1　创建和使用菜单

菜单可以在提供应用程序功能的同时又不牺牲有限的屏幕空间。每一个活动都可以指定自己的活动菜单，当设备的菜单键按下的时候就会显示这个菜单。

要为一个活动 Activity 定义菜单，需要重写它的 onCreateOptionsMenu 处理程序。当一个活动的菜单第一次显示的时候，会触发这个方法。

onCreateOptionsMenu 方法可以接收一个 Menu 对象作为参数。在 onCreateOptionsMenu 方法被再次调用之前，可以在代码的其他地方存储一个对菜单的引用，并且可以继续使用菜单引用。

可以使用 Menu 对象的 add 方法来填充菜单，对每一个新菜单项，必须指定：

- 一个分组值来分隔各个菜单项，以便进行批处理和排序。
- 每一个菜单项的唯一标识符。由于效率的原因，菜单项选择通常是由 onOptionsItemSelected 事件处理程序处理的，所以这个唯一的标识符在确定哪个菜单项被按下时是很重要的。通常的做法是在 Activity 类内部把每一个菜单 ID 声明为一个私有静态变量。可以使用 Menu.FIRST 静态常量，然后对后面的每一个菜单项简单地递增该值。
- 定义菜单项显示顺序的顺序值。
- 作为字符串或者字符串资源的菜单项文本。

在介绍本系统中的菜单实例前，先对系统主界面进行简单的介绍。课程管理主界面包括教师主界面和学生主界面。以“教师”用户为例，教师登录成功后到达教师课程管理主界面，如图 7-9 所示。教师管理主界面界面布局文件 activity_welcome.xml 详细代码介绍见 6.2.2 节。

教师进入系统主界面，按下菜单键，密码修改作为菜单项之一可被调用。如 7.6.4 节图 7-13 所示。重写 WelcomeActivity 的 onCreateOptionsMenu(Menu menu) 的方法，在该方法里调用 Menu 对象的方法来添加菜单项。代码如下所示。

程序清单：07/7.6/client/CourseMis/src/com/coursemis/WelcomeActivity.java

```
public boolean onCreateOptionsMenu(Menu menu) {
        getMenuInflater().inflate(R.menu.welcome, menu);
        menu.add(0, 1, 0, "密码修改");                  //添加菜单项
        menu.add(0, 2, 0, "个人信息查看");
        return true;
    }
```

其中，add(0, 1, 0, "密码修改") 方法的参数分别表示：该菜单项的分组值为 0；菜单项的标识符为 1；“0”表示按菜单添加顺序显示；该菜单的文本为“密码修改”。

7.6.2　使用监听器来监听菜单事件——密码修改

Android 使用一个单一的事件处理程序来处理一个活动所有菜单项选择，该处理程序是 onOptionsItemSelected 方法。被选择的菜单项会作为 MenuItem 参数传递给这个方法。

要对菜单选择作出反应，首先要把 item.getItemId 的值和在填充菜单时使用的菜单项标识符进行比较，然后再相应地作出反应。以“教师”角色为例，为了实现应用程序能响应菜单项的单击事件，在 com.coursemis 包中新建 PasswordChangeActivity 类文件，重写 WelcomeActivity 的 onOptionsItemSelected(MenuItem mi) 方法即可。代码如下所示。

程序清单：07/7.6/client/CourseMis/src/com/coursemis/WelcomeActivity.java

```
public boolean onOptionsItemSelected(MenuItem mi){
        switch(mi.getItemId()){
        case 1:          //如果菜单标识符为“1”，表示选择“密码修改”菜单项
            Intent i = new Intent(WelcomeActivity.this, PasswordChangeActivity.class);//
            Bundle bundle = new Bundle();
            //将教师的自动编号放入bundle，并将数据传入PasswordChangeActivity中
            bundle.putInt("teacherid", teacherid);
            bundle.putString("type", "教师");
            i.putExtras(bundle);
            WelcomeActivity.this.startActivity(i);
            break;
        case 2:
            break;
        }
        return true;
    }
```

上述代码表示使用 Intent 实现将携带的用户信息传入到 PasswordChangeActivity 中，在 PsswordChangeActivity 中完成密码修改功能。

实现密码修改功能的程序清单：

07/7.6/client/CourseMis/src/com/coursemis/PasswordChangeActivity.java

密码修改的布局文件程序清单：

07/7.6/client/CourseMis/res/layout/activity_password_change.xml

密码修改的逻辑操作在服务器端进行，修改包 com.coursemis.util 中 HttpUtil 文件，增加如下一段代码。

程序清单：07/7.6/client/CourseMis/src/com/coursemis/util/HttpUtil.java

```
public static String server_pwd_change = server + "/pwd_change.action";
```

上述代码为了实现与服务器端密码修改文件 LoginCheckAction 的连接，其中“pwd_change.action”在服务器端被定义指向 LoginCheckAction 文件的 pwdChange() 方法。具体操作详见 7.6.3 节。

7.6.3 服务器端实现密码的修改操作

在 7.6.2 节中讲到为了实现用户密码的修改，需在服务器端实现用户组数据库中的密码修改。另外，在 5.3.5 节创建 ITeacherDAO 接口以及实现类中，使用 SQL 语句来实现查询操作，本节简单介绍如何利用 Hibernate 进行数据库操作。在服务器端的操作有如下几步：

1）修改配置文件 struts.xml，定义 LoginCheckAction 中 pwdChange() 方法的虚拟路径名称为 pwd_change。

程序清单：07/7.6/server/CourseMis/src/struts.xml

```
<package name="teacher"  extends="struts-default">
        <action name="pwd_change" class="com.coursemis.action.LoginCheckAction"
method="pwdChange">
        </action>
    </package>
```

2）修改 DAO 接口 ITeacherDAO，分别添加通过用户 id 来获取用户信息的方法 getTeacherById(int teacherid) 和用来修改教师用户密码的方法 updateTeacherPwd(Teacher instance)。

程序清单：07/7.6/server/CourseMis/src/com/coursemis/dao/ITeacherDAO.java

```
public Teacher getTeacherById(int teacherid);
public boolean updateTeacherPwd(Teacher instance);
```

3）为实现利用 Hibernate 对用户密码进行修改的操作，要修改服务器端的 TeacherDAO 文件，主要代码如下。

程序清单：07/7.6/server/CourseMis/src/com/coursemis/dao/impl/TeacherDAO.java

```
public Teacher getTeacherById(int teacherid){
    Session session = getSession();
    List list = null;
    Teacher teacher = null;
    try {
        Transaction tx = session.beginTransaction();
        Query query = session.createQuery("from Teacher teacher where teacher.TId
        = "+teacherid);
        list = query.list();
        teacher = (Teacher)list.get(0);
        query.executeUpdate();
        tx.commit();
    } catch (RuntimeException e){
```

```
        }
        session.close();
        return teacher;
    }

    /* 根据ID修改密码 */
    public boolean updateTeacherPwd(Teacher instance) {
        Session session = getSession();
        String password_new = instance.getTPassword();
        Teacher teacher = (Teacher)session.get(Teacher.class, instance.getTId());
        if(teacher!=null){
            try {

                teacher.setTPassword(password_new);
                Transaction tx = session.beginTransaction();
                session.update(teacher);
                tx.commit();

                return true;
            } catch (RuntimeException e){
            }
        }
        session.close();
        return false;
    }
```

上面代码的粗体部分首先用 teacher 对象调用 setTPassword(password_new) 方法将教师用户的新密码封装在对象中，利用 session 对象调用 update(teacher) 方法更新用户组数据库中的密码。

4）修改接口 ITeacherService 的实现类 TeacherService，在这个类中调用 ITeacherDAO 类中的相应方法来实现此接口中的方法。

程序清单：07/7.6/server/CourseMis/src/com/coursemis/service/impl/TeacherService.java

```
    public Teacher getTeacherById(int teacherid) {
        return teacherDAO.getTeacherById(teacherid);
    }
    public boolean pwdChange(int teacherid,String password_new){
        Teacher teacher = new Teacher();
        teacher.setTId(teacherid);
        teacher.setTPassword(password_new);
        return teacherDAO.updateTeacherPwd(teacher);
    }
```

5）修改接口 ITeacherService，Action 通过访问接口实现方法。分别添加通过用户 id 来获取用户信息的方法 getTeacherById(int teacherid) 和用来修改教师用户密码的方法 pwdChange(int teacherid,String password_new)。

程序清单：07/7.6/server/CourseMis/src/com/coursemis/service/ITeacherService.java

```
    public Teacher getTeacherById(int teacherid);
    public boolean pwdChange(int teacherid,String password_new);
```

6）客户端将用户登录信息传递给 Action 文件 LoginCheckAction，修改该文件实现用户信息的获取，并调用接口中的方法实现密码修改。

程序清单：07/7.6/server/CourseMis/src/com/coursemis/action/LoginCheckAction.java

```
public void pwdChange() throws IOException{
        String password_old = request.getParameter("password_old");
        String password_new1 = request.getParameter("password_new1");
        String password_new2 = request.getParameter("password_new2");
        String type = request.getParameter("type");
        int teacherid = Integer.parseInt(request.getParameter("teacherid"));

        JSONObject resp = new JSONObject();
        System.out.println("naming");
        if(type.equals("教师")){
            System.out.println("教师?"+teacherid);
            Teacher teacher = teacherService.getTeacherById(teacherid);
            if(teacher.getTPassword().equals(password_old)){
                if(teacherService.pwdChange(teacherid, password_new1)){
                    resp.put("result", "密码修改成功！");
                }
                else{
                    resp.put("result", "密码修改失败！");
                }
            }
            else{
                resp.put("result", "原始密码输入错误！");
            }
        }
        System.out.println("resp:"+resp.toString());
        PrintWriter out = response.getWriter();
        out.print(resp.toString());
        out.flush();
        out.close();
    }
```

注意事项：

本节系统编写过程中遇到中文乱码问题，这里解决问题的方法是利用过滤器。利用过滤器可以对整个应用系统进行统一的编码过滤，比较方便。方法如下。

1）新建 GBKEncodingFilter 类，所在包为 com.coursemis.encoding。

程序清单：07/7.6/server/CourseMis/src/com/coursemis/encoding/GBKEncoding.java

2）修改配置文件 web.xml，添加如下代码配置过滤器。

程序清单：07/7.6/server/CourseMis/WebRoot/WEB-INF/web.xml

```
<filter>
    <filter-name>characterEncoding</filter-name>
    <filter-class>com.coursemis.encoding.GBKEncodingFilter</filter-class>
</filter>
<filter-mapping>
    <filter-name>characterEncoding</filter-name>
    <url-pattern>/*</url-pattern>
</filter-mapping>
```

7.6.4 测试密码修改功能

1. 菜单项测试

以"教师"角色为例，进入系统主界面的教师可以通过"菜单"按键调出可选菜单项，如图7-13所示。

2. 选择"密码修改"菜单

通过单击图7-13中的"密码修改"菜单进入用户密码修改页面。用户在密码修改页面通过输入正确的"原始密码"，并且保证"新密码"和"确认密码"必须一致，单击"完成"按钮完成用户密码的修改。图7-14为修改成功的显示效果。

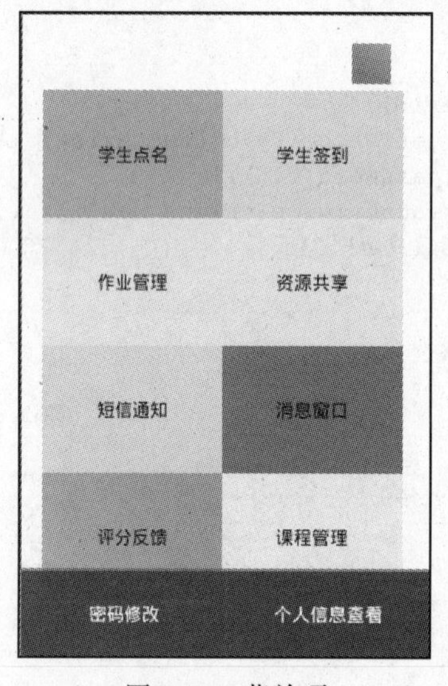

图7-13 菜单项

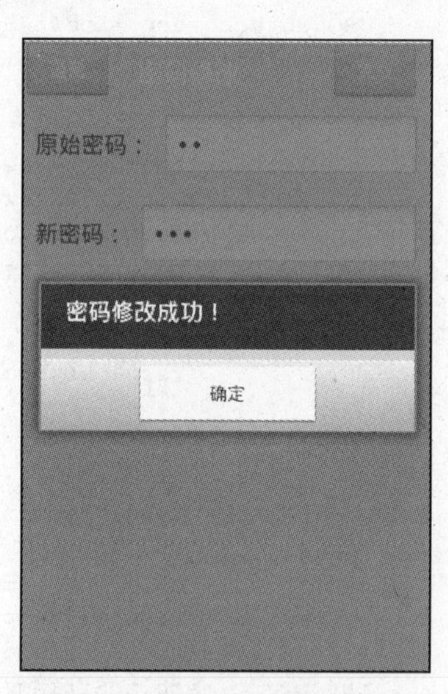

图7-14 密码修改成功提示框

注： 基于Android的课程管理系统包括两类用户：教师、学生。本章为了便于讲解，只介绍了"教师"用户的功能添加和修改，为了保证系统的完善性，另外添加了"学生"用户在该部分的功能代码。客户端的程序清单：07/7/client；服务器端的程序清单：07/7/server。

扩展练习

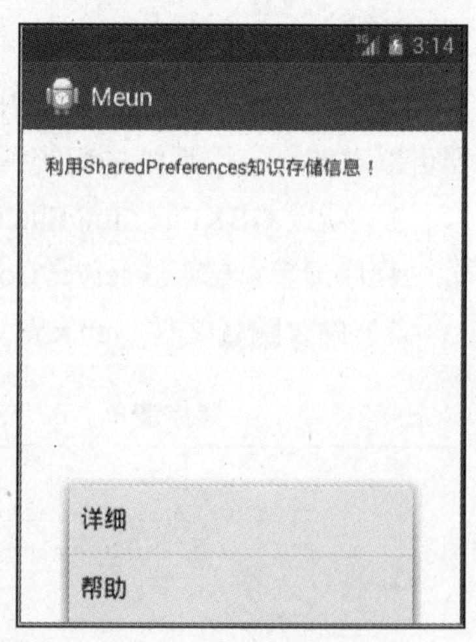

1. 简述Intent在Android应用程序中的作用。
2. Android中实现数据存储的方法有哪几种?
3. 根据扩展练习6.2的登录界面，实现单击"登录"按钮将用户登录信息保存到SQLite数据库中。
4. 设计如右图所示的Android的菜单应用程序，并利用SharedPreferences实现Activity间的数据传递。

第 8 章　教师课程管理

本章将会介绍课程管理的相关内容，当教师登录后，从欢迎界面 WelcomeActivity 选择“课程管理”功能，跳转到课程管理界面 CourseActivity，用来显示课程信息并进行管理，教师欢迎界面如图 8-1 所示，单击“课程管理”即可管理相关课程。

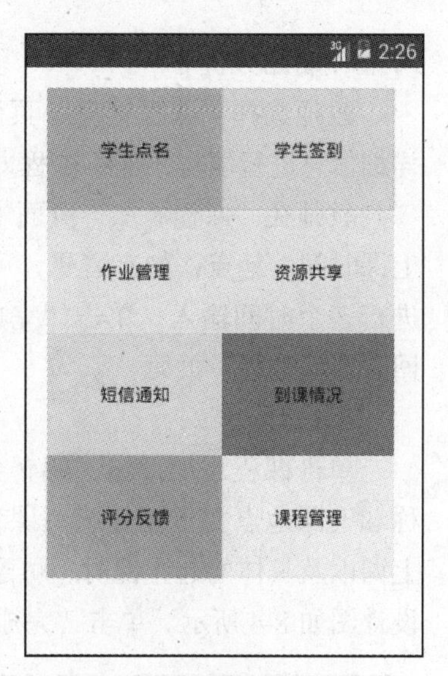

图 8-1　教师欢迎界面

学习重点

- 使用 Adapter 将数据绑定到视图中
- 在 Android 中使用 Intent 启动 Activity
- BroadcastReceiver 组件的作用
- 启动 BroadcastReceiver 组件
- 广播的注册、注销和发送

8.1　功能分析和设计

课程管理的组织结构如图 8-2 所示。

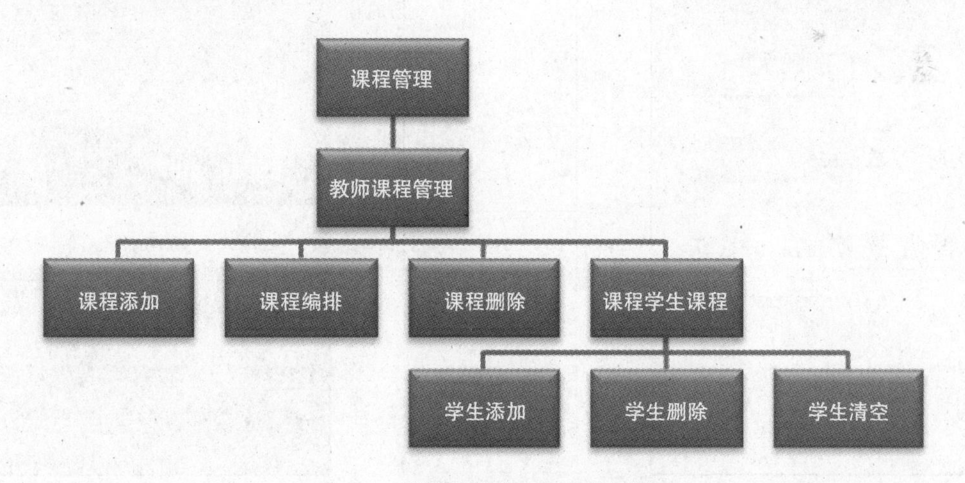

图 8-2　教师课程管理组织结构图

- 功能分析

教师查看所上课程的课程列表，对课程进行添加、删除、编辑以及学生管理。

教师登录系统，选择“课程管理”，单击“添加”按钮，填写课程信息进行课程添加；单击课程名上的“删除”标志，删除该课程的全部信息；单击某一课程进行详情查看：单击右上角的‘功能’按钮→‘编辑’，进行课程信息修改；单击右上角的‘功能’按钮→‘学生管理’，进行课程中学生的添加和删除，单击右上角的“功能”按钮→“学生清空”，清空该课程下的所有学生。

● 设计

从欢迎界面单击“课程管理”，跳转到教师课程管理界面，设计图如图8-3所示。

图8-3 课程管理界面

8.1.1 课程添加

1. 功能分析

教师选择“课程管理”页面上的“添加”按钮，对课程详细信息进行填写，保存课程即可完成课程的添加。

教师在“课程添加”页面中，输入课程编号、课程名称、上课时间、地点；如有需要，可以添加上课时间和地点字段，进行多个时间输入，单击“完成”按钮，保存课程信息，返回“课程管理”页面。

2. 设计

单击课程添加按钮，跳转到课程添加界面，可在课程名称和上课地点文本框处填写课程名称和上课地点，选择周几上课以及具体的起止课时，可通过选择框选择，填写完毕后，单击“完成”按钮，保存结果，设计图如8-4所示。单击“完成”按钮，可出现课程添加成功提醒，设计图如图8-5所示。

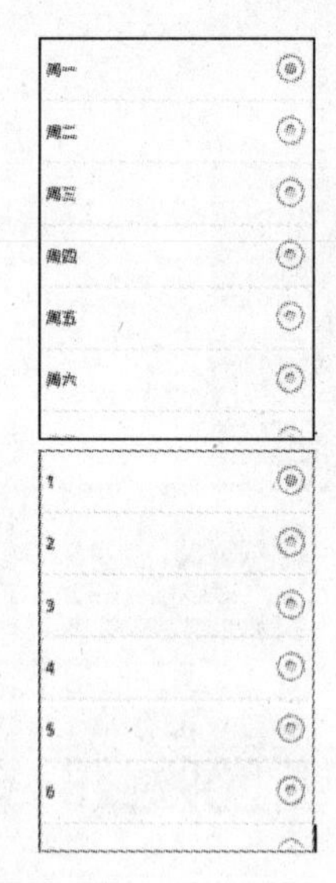

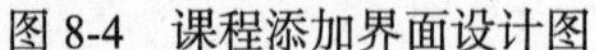

图8-4 课程添加界面设计图

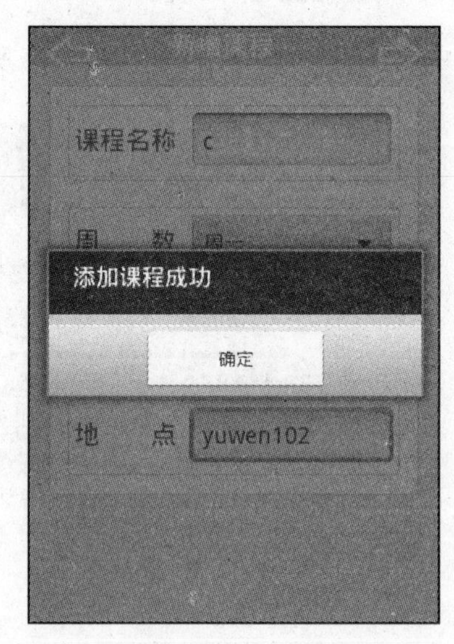

图8-5 课程添加成功提醒设计图

8.1.2 课程编辑

1. 功能分析

教师单击课程列表中的某一课程时，可以查看课程详情，单击右上角的“功能”按钮，展开功能菜单，单击“编辑”，可对课程信息进行修改。

在“课程信息修改”页面中，教师可以对课程编号、名称进行修改，对于已有的上课时间和地点，也可以进行删除、修改、添加操作。

2. 设计

教师单击课程列表的某一课程，查看课程信息，相关设计图如图 8-6 所示。

单击“功能”按钮，可以选择对课程信息的相关处理，相关的设计图如图 8-7 所示。

图 8-6　课程信息界面设计图

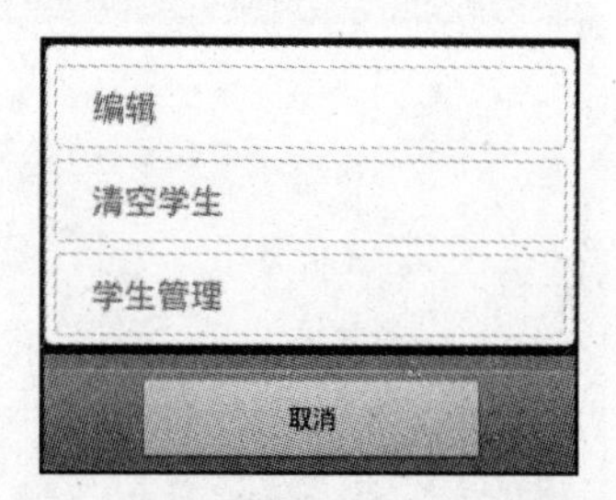

图 8-7　课程管理功能选择界面设计图

选择“编辑”选项，可以对课程的相关信息进行设置，并给出相关信息的选择界面，相关设计图如图 8-8 所示。

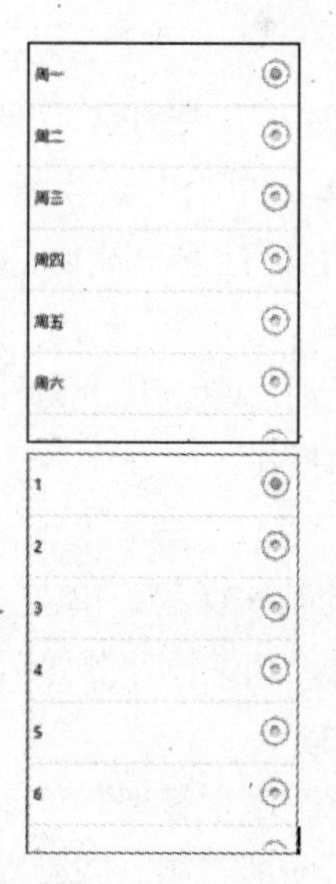

图 8-8　课程编辑信息界面设计图

8.1.3　课程删除

1. 功能分析

教师单击课程列表中“删除”按钮，可对该课程信息进行删除。如果该课程有课程学生列表，该操作将级联删除该课程的所有学生列表。

2. 设计

教师进入课程管理，在课程列表中单击某一课程的“删除”按钮后，即可删除该课程的所有信息，相关设计图如图 8-9 所示。

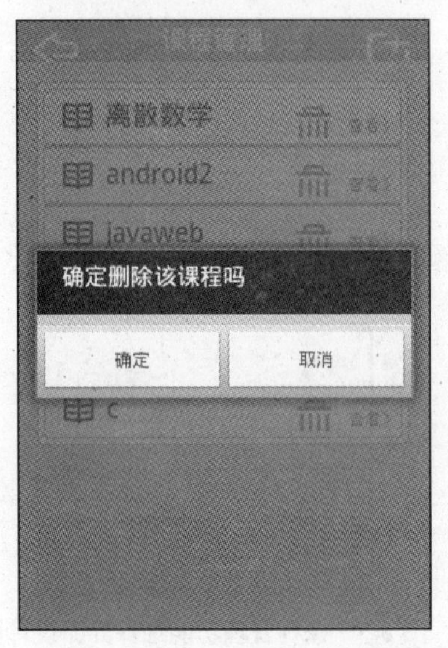

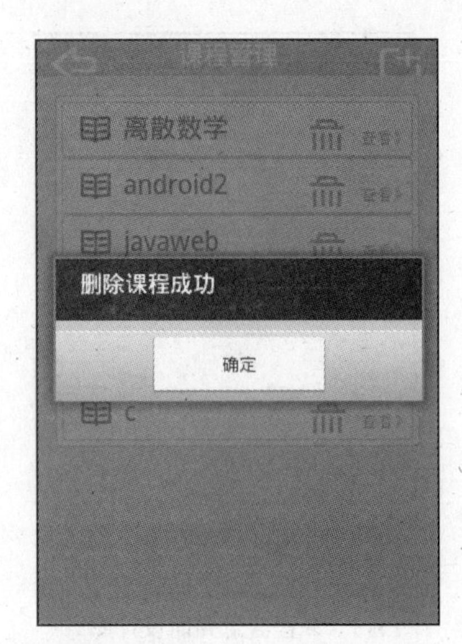

图 8-9　课程删除界面设计图

8.1.4　课程学生管理

1. 功能分析

教师单击课程列表中的某一课程时，可以查看课程详情，单击右上角的“功能”按钮，展开功能菜单，单击“学生管理”，可查看该课程的所有学生列表，可以添加学生信息，并能够对学生进行逐个删除。这里采用数据库直接导入方式，因此教师不用对其进行编辑。

查看课程详情时，单击右上角的“功能”按钮后，选择“清空学生”，可进行相关课程学生信息全部清空的操作。

2. 设计

选择列表中的某一课程，单击“功能”按钮后选中“学生管理”功能，即可显示该课程下所有学生的信息，相关设计图如图 8-10 所示。

（1）学生添加

教师选择“课程学生管理”页面上的“添加”按钮，对课程学生进行添加。

“导入”：点开班级选项，找到需要导入的学生，单击“导入”，即可完成学生的添加，返回“课程学生管理”页面。

相关设计图如图 8-11 所示。

（2）学生删除

选择列表中的某一课程，单击“功能”按钮后，选择“学生管理”功能显示学生信息，单击学生信息旁边的“删除”按钮，即可删除该课程的学生信息，相关设计图如图 8-12 所示。

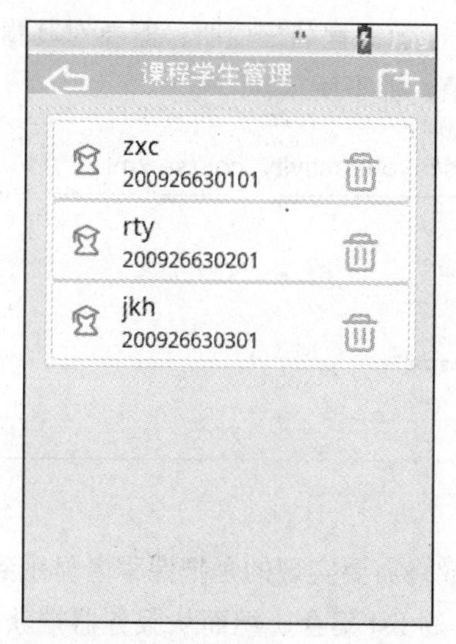

图 8-10　课程学生管理界面设计图

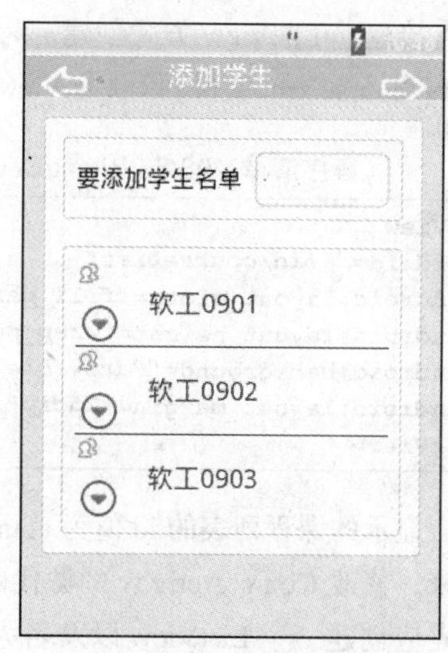

图 8-11　学生添加界面设计图

（3）学生清空

选择列表中的某一课程，单击“功能”按钮后，选择“清空学生”功能，即可清空该课程下所有学生的信息，相关设计图如图 8-13 所示。

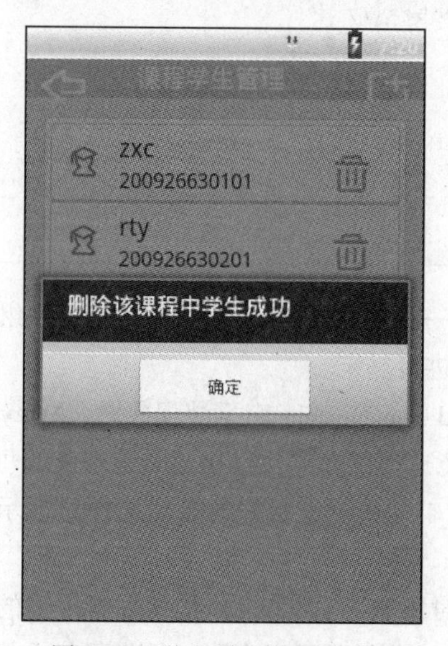

图 8-12　学生删除界面设计图

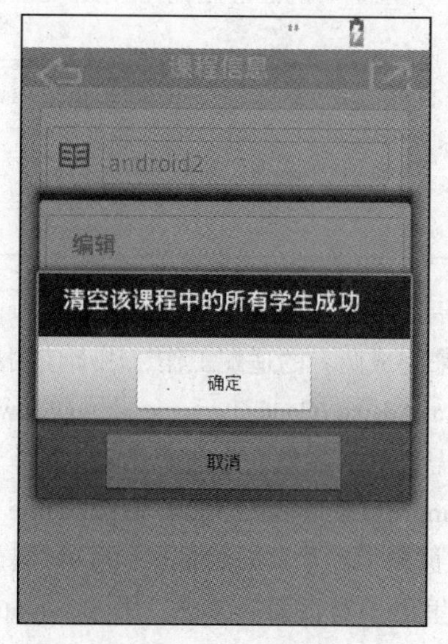

图 8-13　学生清空界面设计图

8.2　课程列表视图 Adapter 的实现

Adapter 是连接后端数据和前端显示的适配器接口，是数据和 UI（View）之间一个重要的纽带。在常见的 View(ListView,GridView) 等地方都需要用到 Adapter。

8.2.1　制定课程列表 ArrayAdapter

要显示课程信息，首先要在显示课程信息的界面 CourseActivity 上建立一个 ListView，本例采用直接建立 ListView 方式创建。为了能够对显示课程列表监听，需要对其指定 id 值。修改 activity_course.xml 文件，对 ListView 增加 id 值，如下所示：

程序清单：08/8.2/client/CourseMis/res/layout/activity_course.xml

```
<ListView
android:id="@+id/courseList"
    android:layout_width="fill_parent"
    android:layout_height="wrap_content"
    android:background="@drawable/table_shape"
    android:layout_margin="15dip" >
</ListView>
```

其中，显示的课程列表的 id 值为 courselist。

接下来，修改 CourseActivity 的源代码，我们最终需要实现的是把课程名显示到列表中。因此，首先应创建一个 ListView 以及名为 listItems 的 list 集合，继而从服务器端获取所需要的课程名，放入 courseNames 的 list 空间内。

程序清单：08/8.2/client/CourseMis/src/com/coursemis/CourseActivity.java

```
//创建一个 ListView 以及名为 listItems 的 list 集合
ListView view = (ListView) super.findViewById(R.id.courseList);
listItems = new ArrayList<Map<String, Object>>();

//从服务器端获取所需要的课程名，放入 list 空间内
for(int i = 0; i < courseNames.size(); i ++){
    Map<String,Object> listItem = new HashMap<String,Object>();
    listItem.put("coursename", courseNames.get(i));
    listItems.add(listItem);
}
```

最后，我们来制定 Adapter。一般来说，需要一个连接 ListView 视图对象和数组数据的适配器来完成两者的适配工作，因而使用如下方法进行制定。

ArrayAdapter(Context context,int textViewResourceId,List<T> objects) 来装配数据。ArrayAdapter 的构造需要三个参数，分别为 this、布局文件（注意这里的布局文件描述的是列表的每一行的布局、android.R.layout.simple_expandable_list_item_1 是系统定义好的布局文件只显示一行文字）、数据源（名为 courseNames 的 list 集合）。

这里出于对页面的考虑，采用 LayoutInflater 对象制定 Adapter，其中数据传输的方式在第 5 章已经有介绍，故在此省略数据传输的代码，这些代码可以在附加的代码包中找到，如下是制定 Adapter 的核心代码：

程序清单：08/8.2/client/CourseMis/src/com/coursemis/CourseActivity.java

```
public class MyAdapter extends BaseAdapter {
    // 制定 Adapter，显示课程名称
    private LayoutInflater mInflater;

    public MyAdapter(Context context) {
        this.mInflater = LayoutInflater.from(context);
    }
```

```
......
public View getView(int position, View convertView, ViewGroup parent) {
    ......
    convertView = mInflater.inflate(R.layout.adapter_course, null);
    ......
    }
}
```

上面加粗的代码大致展示了制定 Adapter 的方法。

程序使用 LayoutInflater 来获取装配数据的容器，即寻找 layout 文件夹下的 XML 布局文件，并且实例化 *from*(context) 方法来获取 LayoutInflater 对象。LayoutInflater.inflate() 将 Layout 文件转换为 View，在 Android 中如果想将 XML 中的 Layout 转换为 View 继而进行操作，只能通过 Inflater，而不能通过 findViewById()。

8.2.2 使用 Adapter 绑定课程数据

接下来，利用 setAdapter() 方法将设置好的 ArrayAdapter 与 Listview 进行绑定，将课程信息显示出来，相关代码如下所示：

程序清单：08/8.2/client/CourseMis/src/com/coursemis/CourseActivity.java

```
// Adapter 与 ListView 进行绑定
MyAdapter adapter = new MyAdapter(this);
view.setAdapter(adapter);
```

结合如上代码，在 WelcomeActivity 界面跳转到 CourseActivity 界面后，即可显示教师授课列表，如图 8-14 所示。

列表中课程信息内容显示正常，在测试过程中发现单击各列表项没有反应，按功能来说，应该要显示相关课程的信息。

所以这里就要对列表进行监听，相关代码如下所示。

程序清单：08/8.2/client/CourseMis/src/com/coursemis/CourseActivity.java

```
//ListView 监听函数，单击列表中的某项可进行一定操作
private class MyListener2 implements OnClickListener{
    int mPosition;
    public MyListener2(int inPosition){
        mPosition= inPosition;
    }
    @Override
    public void onClick(View v) {
    //TODO Auto-generated method stub
        //创建意图
        Intent intent = new Intent(CourseActivity.this, CourseInfoActivity.class);
        Bundle bundle = new Bundle();
        bundle.putInt("courseid", courseid_temp.get(mPosition));
        //将课程 ID 作为额外参数传过去
        intent.putExtras(bundle);
        //页面跳转
        startActivity(intent);
    }
}
```

单击 android2 列表项，跳转到课程信息界面，并显示 android2 课程信息，如图 8-15 所示。

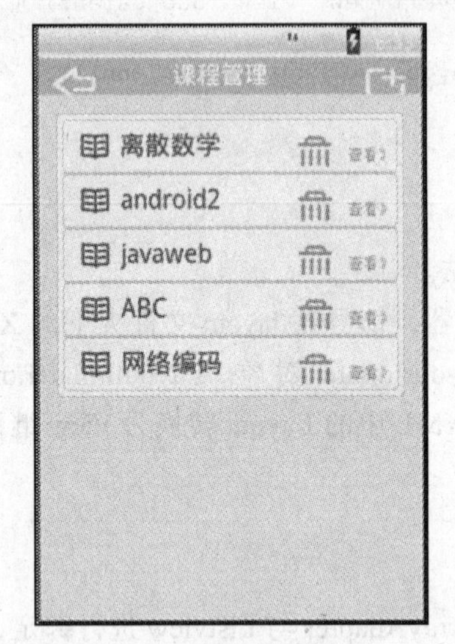

图 8-14　课程管理界面图

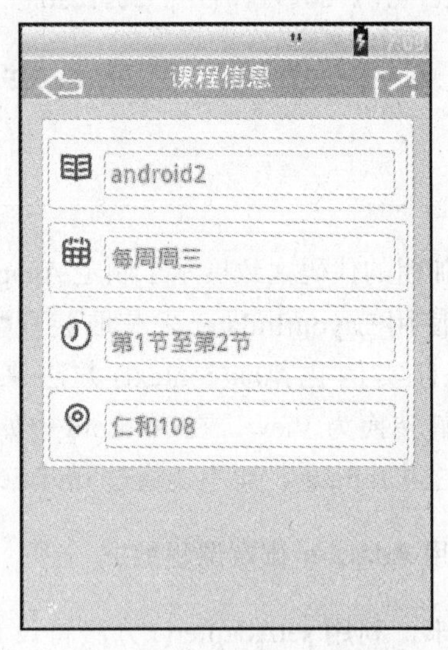

图 8-15　课程信息界面图

8.2.3　测试课程列表视图 Adapter

测试课程列表 Adapter，首先制定好 Adapter，并与 ListView 绑定，之后输出一串字符，表示绑定成功，并可显示相关数据，测试代码如下所示：

程序清单：08/8.2/client/CourseMis/src/com/coursemis/CourseActivity.java

```
MyAdapter adapter = new MyAdapter(this);
view.setAdapter(adapter);
System.out.println("Adapter 已绑定课程数据，并显示相关内容 ");
```

课程列表视图 Adapter 执行成功，输出“Adapter 已绑定课程数据，并显示相关内容”的字符串效果图如图 8-16 所示。

```
I   01-17 07:12:45.586   610   610   com.coursemis   System.out   Adapter已绑定课程数据，并显示相关内容
```

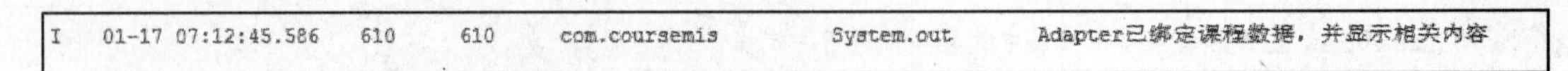

图 8-16　测试课程列表效果图

8.3　Intent 活动启动

Intent 在 Android 里可以说是至关重要的，它承担着程序跳转和数据传递的重要使命。前面已经接触到 Activity 间的相互跳转，当我们需要从一个 Activity 跳转到另一个 Activity 时，会通过使用 Intent 来表达跳转的意图。

那么为什么要使用 Intent，好像利用 startActivity(Class activity Class) 更方便简洁。我们知道，在 Android 中除了活动（Activity）这一组件之外，还有广播（Broadcast）、服务（Service）组件等，不管我们需要启动哪种组件，均利用统一的 Intent 来封装启动的意图，不仅降低了组件耦合度，也体现了 Android 的编程理念。同时，不同的 Activity 间也可以通过

Intent 来携带 Bundle 对象，实现数据的相互传递。简而言之，屏幕是通过 Activity 来实现，各个屏幕又相互独立，屏幕间通过 Intent 实现切换和信息传递。

本节主要介绍 Intent 启动活动，广播和服务的部分会放在接下来的章节进行详细介绍，让我们先来看 Intent 是如何启动 Activity 的。

8.3.1 Intent 显式启动 Activity

Intent 最常用的用途是连接各个 Activity，在程序中启动 Activity 有两种方法：显式启动和隐式启动。

- 显式启动：必须在 Intent 中指明启动的 Activity 所在的类。在前面的例子中也不止一次地利用显式启动的方式启动特定的 Activity。
- 隐式启动：在程序中，有时我们并不指明启动特定的 Activity，而是让 Android 系统根据 Intent 的动作和数据来决定到底启动哪个 Activity。比如最终用户的 Activity，只需描述自己何时被执行，当我们启动的 Activity 信息与最终用户的 Activity 信息匹配时，则最终用户的 Activity 启动，即隐式启动的 Activity 是由 Android 系统和最终用户来选择。

本节首先介绍显式启动的过程，需要将当前的 Context 与特定 Activity 的 class 作为参数构造成一个 Intent，之后把创建好的这个 Intent 作为参数传递给 startActivity() 方法。

本例中需要先添加一个添加课程的按钮，利用该按钮实现 Activity 的显式启动。在 activity_course.xml 添加如下代码，在页面上显示一个添加按钮。

程序清单：08/8.3/client/CourseMis/res/layout/top_add.xml

```
<Button
    android:id="@+id/add_btn"
    android:layout_width="40dp"
    android:layout_height="30dp"
    android:background="@drawable/top_btn_add"
    android:textColor="#fff"
    android:textSize="18sp" />
```

在 WelcomeActivity 界面跳转到 CourseActivity 界面后，即可在界面右上角出现一个添加课程的按钮，如图 8-17 所示。

图 8-17　添加课程按钮

实现显式启动的核心代码如下所示：

程序清单：08/8.3/client/CourseMis/src/com/coursemis/CourseActivity.java

```
button_add.setOnClickListener(new OnClickListener(){

@Override
    public void onClick(View v) {
    //TODO Auto-generated method stub
        //创建意图
        Intent i = new Intent(CourseActivity.this,CourseAddActivity.class);
    //显式启动 CourseAddActivity
```

```
            CourseActivity.this.startActivity(i);
        }
    })
```

上面代码实现的是：当单击添加课程按钮时，会从当前页面 CourseActivity 跳转到指定的页面 CourseAddActivity，从而显示需要添加的课程信息。加粗的代码即为显式启动的相关代码，Intent 构造函数的第一个参数是应用程序的上下文，即 CourseActivity 的上下文；第二个参数是接收 Intent 的目标组件，即 CourseAddActivity。此后，启动 Activity 即可跳转到指定的 Activity。

上述用到的两个组件：CourseActivity 和 CourseAddActivity，必须到 AndroidManifest.xml 文件中注册，利用 <activity> 标签定义这两个 Activity：

程序清单：08/8.3/client/CourseMis/AndroidManifest.xml

```
<!-- 利用 <activity> 标签定义两个 Activity-->
<activity
        android:name="com.coursemis.CourseActivity"
        android:label="@string/title_activity_course" >
</activity>
<activity
        android:name="com.coursemis.CourseAddActivity"
        android:label="@string/title_activity_course_info" >
</activity>
```

由此，在单击添加课程按钮后，页面能跳转到 CourseAddActivity 界面，进行课程信息的添加，如图 8-18 所示。

图 8-18　添加课程界面图

8.3.2　Intent 隐式启动 Activity

上一节介绍完 Intent 显式启动 Activity，那么这一节就详细地讲述隐式启动的方式。隐式启动不需要指定特定的Activity，而是设置Action、Data、Category，让系统来筛选出合适的Activity，使程序具有更大的灵活性，尤其是有利于第三方组件的使用。

我们再以上一节启动课程添加Activity为例，相关代码如下所示：

程序清单：08/8.3/client/CourseMis/src/com/coursemis/CourseActivity.java

```
button_add.setOnClickListener(new OnClickListener(){
    @Override
    public void onClick(View v) {
        //TODO Auto-generated method stub
        //创建意图，设置Intent的Action属性
        String actionName= "com.coursemis.CourseAddActivity";
        Intent i = new Intent(actionName);
        //隐式启动CourseAddActivity
        CourseActivity.this.startActivity(i);
    }
});
```

与上一节的功能相同，单击添加课程按钮，跳转到添加课程页面，即CourseAddActivity。首先，设置actionName，通过系统解析，找到能够处理这个Intent的Activity启动。

隐式调用不只是在AndroidManifest.xml文件中声明，还要加上intent-filter。首先被调用的Activity要有一个带有<intent-filter>并且包含<action>的Activity，设定它可以处理的Intent，并且category设为“android.intent.category.DEFAULT”。action的name是一个字符串，可以自定义，在这里设成“com.coursemis.CourseAddActivity”，然后，在CourseActivity才可以通过这个action name找到所需的Activity：

程序清单：08/8.3/client/CourseMis/AndroidManifest.xml

```
<!--利用<activity>和<intent-filter>标签定义隐式启动Activity-->
<activity
android:name="com.coursemis.CourseAddActivity"
    android:label="@string/title_activity_course_add" >
    <intent-filter>
        <action android:name="com.coursemis.CourseAddActivity"/>
        <category android:name="android.intent.category.DEFAULT"/>
    </intent-filter>
</activity>
```

单击CourseActivity界面上的添加课程按钮后，通过隐式启动，也能将页面跳转到CourseAddActivity界面，进行课程信息的添加，如图8-19所示。

当然，我们也可以在自己的程序中调用其他程序的Action。例如，可以在自己的应用程序中调用拨号面板：

```
Intent intent = new Intent(Intent.ACTION_DIAL);
// 或者Intent intent = new Intent("android.intent.action.DIAL");
// Intent.ACTION_DIAL是内置常量，值为"android.intent.action.DIAL"
startActivity(intent);
```

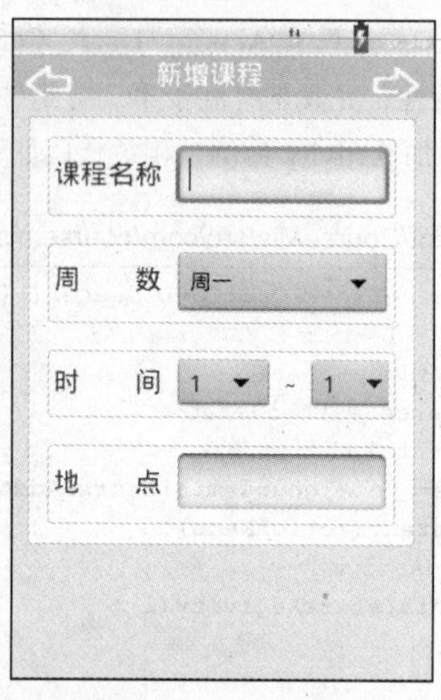

图 8-19　添加课程界面图

Intent 构造函数中的参数是 Intent 需要执行的动作。表 8-1 是 Android 系统支持的常见动作字符串常量表。

表 8-1　Android 系统支持的常见动作字符串常量表

动　作	说　明
ACTION_ANSWER	打开接听电话的 Activity，默认为 Android 内置的拨号盘界面
ACTION_CALL	打开拨号盘界面并拨打电话，使用 Uri 中的数字部分作为电话号码
ACTION_DELETE	打开一个 Activity，对所提供的数据进行删除操作
ACTION_DIAL	打开内置拨号盘界面，显示 Uri 中提供的电话号码
ACTION_EDIT	打开一个 Activity，对所提供的数据进行编辑操作
ACTION_INSERT	打开一个 Activity，在提供数据的当前位置插入新项
ACTION_PICK	启动一个子 Activity，从提供的数据列表中选取一项
ACTION_SEARCH	启动一个 Activity，执行搜索动作
ACTION_SENDTO	启动一个 Activity，向数据提供的联系人发送信息
ACTION_SEND	启动一个可以发送数据的 Activity
ACTION_VIEW	最常用的动作，对以 Uri 方式传送的数据，根据 Uri 协议部分以最佳方式启动相应的 Activity 进行处理。对于 http:address 将打开浏览器查看；对于 tel:address 将打开拨号呼叫指定的电话号码
ACTION_WEB_SEARCH	打开一个 Activity，对提供的数据进行 Web 搜索

8.3.3　活动间数据传递

在前两节的实例中，通过使用 startActivity() 方法启动 Activity 后，启动后的两个 Activity 之间相互独立，没有任何的关联。但在很多情况下，当一个 Activity 启动另一个 Activity，常常伴有数据传过去。Android 提供了两种简明易懂的方法进行数据传递：利用 Bundle 在 Activity 间交换数据以及获取 Activity 的返回值。

1. Bundle 在 Activity 间交换数据

对于 Activity 来说，在其之间传递数据，很容易就会想到 Intent，只需将需要交换传递的数据放在 Intent 内即可。Intent 提供了很多方法来传递数据，使用时，根据实际情况挑选适当的函数调用，就可以达到数据传递的目的。

下面是 Intent 提供的几个用来传递数据的重载方法：

（1）传递数据携带包

putExtras(Bundle data)：向 Intent 中放入所需要“携带”的数据包。

getExtras(Bundle data)：从 Intent 中取出所需要“携带”的数据包。

（2）存入数据到 Bundle 对象

putXxx(String key,Xxx data)：向 Bundle 放入例如 int 等数据类型的数据。

putSerializable(String key,Serializable data)：向 Bundle 放入一个可序列化的对象。

（3）从 Bundle 对象取出数据

getXxx(String key)：从 Bundle 中取出例如 int 等数据类型的数据。

getSerializable(String key,Serializable data)：从 Bundle 取出一个可序列化的对象。

最先接触数据是初始登录的时候，在客户端输入自己的用户名和密码等信息，这些信息对于每项操作都有着至关重要的意义，因为我们必须清楚每项操作的执行者。那么这些信息究竟是如何在各 Activity 间传递的？

继续沿用上一节的实例，从本例的角度来看，由于教师需要增加授课的课程信息，那么便需要知道该教师个人的相关信息，相关代码如下所示：

程序清单：08/8.3/client/CourseMis/src/com/coursemis/CourseActivity.java

```
button_add.setOnClickListener(new OnClickListener(){
    @Override
    public void onClick(View v) {
        // TODO Auto-generated method stub
        Intent i = new Intent(CourseActivity.this,CourseAddActivity.class);
        //创建 Bundle 对象
        Bundle bundle = new Bundle();
        //向 Bundle 对象放入需要传递的数据
        bundle.putInt("teacherid", teacherid);
        //将 Bundle 对象放入 Intent
        i.putExtras(bundle);
        CourseActivity.this.startActivity(i);
    }
});
```

加粗的代码便是利用 Bundle 对象实现数据交换的相关代码。首先，我们需要创建一个 Bundle 对象，由于我们需要把增加的信息添加到指定的教师名下，因此，利用 putInt() 方法向 Bundle 放入 int 类型的 teacherid，继而使用 putExtras() 方法向 Intent 中放入所需要“携带”的数据包 bundle。

页面跳转至 CourseAddActivity 后，便可以从 Intent 中取出所需要“携带”的数据包，相关代码如下所示：

程序清单：08/8.3/client/CourseMis/src/com/coursemis/CourseAddActivity.java

```
protected void onCreate(Bundle savedInstanceState) {
```

```
        super.onCreate(savedInstanceState);
        setContentView(R.layout.activity_course_add);

        this.context = this;
        client = new AsyncHttpClient();
        Intent intent = getIntent();
        //取出放置在Bundle对象里的数据
        teacherid = intent.getExtras().getInt("teacherid");
        ......
    }
```

加粗的代码便是用来获取上一层 Activity 传递过来的数据包中的数据。首先，利用 getIntent() 方法检索项目中包含的原始 Intent，利用 getExtras() 方法从 Intent 中取出所需要“携带”的数据包 bundle，getInt() 方法从 Bundle 取出 int 类型的 teacherid。

2. 获取 Activity 的返回值

通常，当一个 Activity 启动另一个 Activity，让用户对特定信息进行选择时，在关闭这个 Activity 后，用户的选择信息需要返回给未关闭的那个 Activity。我们将先启动的 Activity 称为父 Activity，后启动的 Activity 称为子 Activity。

针对这样的情况，一般按照如下步骤获取返回值：

1）利用 startActivityForResult() 方法启动子 Activity。

2）设置子 Activity 的返回值。

3）从父 Activity 获取返回值。

在本项目中也有很多 Activity 间需要传递数据，例如：教师在课程管理界面中选择课程列表中某一课程，浏览该课程信息，单击“功能”按钮，可以在 CourseEditActivity 界面编辑授课信息，在选择周几上课时，跳转到一个选择授课时间的界面 CourseTimeActivity，选择需要的时间，之后结束该 Activity，并把结果返回到编辑界面。

为了实现上述功能，程序需要创建两个界面：CourseEditActivity 和 CourseTimeActivity。第一个界面是用来编辑授课信息的，包括课程名称、上课的周数、每周几上课、起止课时、上课地点以及完成编辑的跳转按钮。每一个组件都有自己相应的监听函数，其他组件的创建和监听函数在此省略，可到附加的代码包查看，这里仅介绍用于获取 Activity 返回值的组件和方法。由于界面比较简单，故也不给出界面布局的代码。相关代码如下所示：

程序清单：08/8.3/client/CourseMis/src/com/coursemis/CourseEditActivity.java

```
public class CourseEditActivity extends Activity {

    private Button time_course_button;
    private EditText time_course_editText;

    private int COURSETIME = 0;
    private int weekday;
    ......

    @Override
    protected void onCreate(Bundle savedInstanceState) {
        super.onCreate(savedInstanceState);
```

```
        setContentView(R.layout.activity_course_edit);

        ......

        time_course_button = (Button) findViewById(R.id.time_course_button);
        time_course_editText = (EditText) findViewById(R.id.time_course_editText);

        time_course_button.setOnClickListener(new OnClickListener(){
            @Override
            public void onClick(View v) {
                //创建对应于目标 Activity 的 Intent
                Intent intent = getIntent();
                intent.setClass(CourseEditActivity.this,CourseTimeActivity.class);
                //启动 Activity，并可返回结果，COURSETIME 为请求码
                CourseEditActivity.this.startActivityForResult(intent,COURSETIME);

            }
        });
    ......
}
```

这里重点是实现选择周几上课的相关程序，上述加粗的代码就是相关的核心代码。

首先，创建一个按钮 time_course_button 和一个文本框 time_course_editText，单击按钮启动子 Activity(CourseTimeActivity)，文本框用来显示从子 Activity 中返回的数值。

在按钮 time_course_button 的监听函数中添加 startActivityForResult(Intent intent,int requestCode) 方法，第一个参数用于决定启动哪个子 Activity，第二个参数用于标识子 Activity 的请求码 COURSETIME，其值设为 0。

当 CourseTimeActivity 启动后，作为父 Activity 的 CourseEditActivity 需要等待其传回结果，由于何时传回结果具有不确定性，我们重写了 onActivityResult() 方法，处理子 Activity 的返回值。当子 Activity 关闭时，父 Activity 的 onActivityResult() 方法就被开始调用。

程序清单：08/8.3/client/CourseMis/src/com/coursemis/CourseEditActivity.java

```
@Override
public void onActivityResult(int requestCode, int resultCode, Intent intent) {
    //当请求码为 COURSETIME，结果码为 Activity.RESULT_OK，进行一定处理
    if (requestCode == COURSETIME && resultCode == Activity.RESULT_OK) {
        //取出放置在 Bundle 对象里的数据
        Bundle bundle = intent.getExtras();
        String resultTime = bundle.getString("time_1");
        weekday = bundle.getInt("weekday_1");
        //修改文本框里面的数据
        time_course_editText.setText(resultTime);
    }
}
```

其中 onActivityResult(int requestCode，int resultCode，Intent intent) 方法中，第一个参数 requestCode 表示是哪个子 Activity 的返回值，第二个参数是用来表示子 Activity 的返回状态，第三个参数是子 Activity 返回的数据，利用 getExtras() 方法取出即可，最后利用 setText() 方法将其显示在文本框内。

通过以上程序设计，教师进入编辑界面，效果如图 8-20 所示。

图 8-20　编辑课程界面图

此时，单击 time_course_button 按钮会跳转到 CourseTimeActivity 界面，该界面是一个显示周一至周日的 Listview，由于界面比较简单，故不给出界面布局的代码。程序为列表设置了监听器，用户单击选项后，将值返回给父 Activity，并结束当前 Activity，该 Activity 的相关代码如下所示：

程序清单：08/8.3/client/CourseMis/src/com/coursemis/CourseTimeActivity.java

```
public class CourseTimeActivity extends Activity {

    public Context context;
    private ListView listView_coursetimeList;
    private static String [] time_1 = {"周一","周二","周三","周四","周五","周六","周日"};

    @Override
    protected void onCreate(Bundle savedInstanceState) {
        super.onCreate(savedInstanceState);
        setContentView(R.layout.activity_course_time);

        this.context = this;
        listView_coursetimeList = (ListView) findViewById(R.id.coursetimeList);
        listView_coursetimeList.setAdapter(new ArrayAdapter<String>(
                context,
                android.R.layout.simple_expandable_list_item_1,
                time_1));

        listView_coursetimeList.setOnItemClickListener(
                new OnItemClickListener(){

            @Override
            public void onItemClick(AdapterView<?> arg0, View arg1,int arg2, long arg3) {
                // TODO Auto-generated method stub
```

```
                //创建对应于目标Activity的Intent
                Intent intent = new Intent(CourseTimeActivity.this, CourseEditActivity.
                    class);
                //向Bundle对象放入需要传递的数据
                Bundle bundle = new Bundle();
                bundle.putString("time_1", arg0.getItemAtPosition(arg2).toString());
                bundle.putInt("weekday_1", arg2+1);
                intent.putExtras(bundle);
                //设置结果码，并设置结束后退回的Activity
                CourseTimeActivity.this.setResult(RESULT_OK,intent);
                //结束当前Activity
                CourseTimeActivity.this.finish();
            }
        });
    }
}
```

将所需要的数据打包放入Intent，调用setResult(RESULT_OK,intent)方法将所需的数据返回给父Activity，其中第一个参数是请求的结果码，第二个参数为所需要返回的数据。最后，调用finish()方法结束该Activity。

当教师在选择上课时间时，单击“请选择”按钮，跳转至CourseTimeActivity界面，效果如图8-21所示。

教师进入CourseTimeActivity界面后，单击列表中的选项，例如“周三”，即可返回上课时间“周三”至CourseEditActivity编辑界面，效果如图8-22所示。

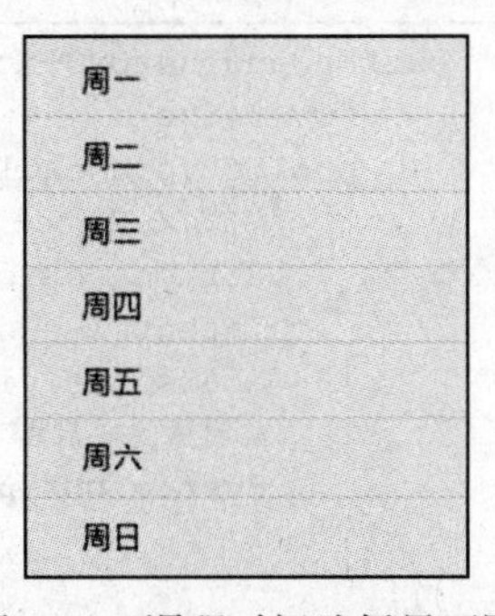

图8-21　课程时间选择界面图

图8-22　课程时间选择结果返回界面图

8.3.4　测试Intent活动启动

1. 测试Intent活动启动

（1）Intent显式启动

从CourseActivity通过单击add按钮，跳转到CourseAddActivity界面。我们在Intent显式启动的函数中，加入输出字符串的代码。在执行该方法时，Activity显式启动，页面发生跳转，并且可以输出该字符串，说明该方法执行成功，相关代码如下所示：

程序清单：08/8.3/client/CourseMis/src/com/coursemis/CourseActivity.java

```
button_add.setOnClickListener(new OnClickListener(){
    @Override
    public void onClick(View v) {
        //TODO Auto-generated method stub
        Intent i = new Intent(CourseActivity.this,CourseAddActivity.class);
        Bundle bundle = new Bundle();
        bundle.putInt("teacherid", teacherid);
        i.putExtras(bundle);
        CourseActivity.this.startActivity(i);
        //测试显式启动
```

```
        System.out.println(" 已显式启动 CourseAddActivity");
    }
});
```

显式启动方法执行成功，输出“已显式启动 CourseAddActivity”的字符串效果图如图 8-23 所示。

I	01-17 07:26:37.656	649	649	com.coursemis	System.out	已显式启动CourseAddActivity

图 8-23 Intent 显式启动测试图

（2）Intent 隐式启动

同样，在 Intent 隐式启动的函数中，加入输出字符串的代码。在执行该方法时，Activity 隐式启动后，页面发生跳转，并且可以输出该字符串，说明该方法执行成功，相关代码如下所示：

程序清单：08/8.3/client/CourseMis/src/com/coursemis/CourseActivity.java

```
button_add.setOnClickListener(new OnClickListener(){
    @Override
    public void onClick(View v) {
        // TODO Auto-generated method stub
        String actionName= "com.coursemis.CourseAddActivity";
        Intent i = new Intent(actionName);
        CourseActivity.this.startActivity(i);
        //测试隐式启动
        System.out.println(" 已隐式启动 CourseAddActivity");
    }
});
```

隐式启动方法执行成功，输出“已隐式启动 CourseAddActivity”的字符串效果图如图 8-24 所示。

I	01-17 07:33:58.426	689	689	com.coursemis	System.out	已隐式启动CourseAddActivity

图 8-24 Intent 隐式启动测试图

2. 测试活动间数据传递

（1）测试 Bundle 在 Activity 间的数据交换

从 CourseActivity 通过单击 add 按钮跳转到 CourseAddActivity 界面，为了将课程添加到该教师名下，需要传递教师 id。我们可以通过比较传入前与接收后的数据是否相同来判断数据是否传输成功。一般的，我们先将传入的 id 输出，相关代码如下所示：

程序清单：08/8.3/client/CourseMis/src/com/coursemis/CourseActivity.java

```
button_add.setOnClickListener(new OnClickListener(){
    @Override
    public void onClick(View v) {
        // TODO Auto-generated method stub
        Intent i = new Intent(CourseActivity.this,CourseAddActivity.class);
        Bundle bundle = new Bundle();
```

```
            bundle.putInt("teacherid", teacherid);
            i.putExtras(bundle);
            CourseActivity.this.startActivity(i);
            //测试发送到下层Activity的数据
            System.out.println("发送: teacherid = "+teacherid);
            System.out.println("已显式启动CourseAddActivity");
        }
    });
```

当跳转到CourseAddActivity界面时，再将接收到教师的id输出：

程序清单：08/8.3/client/CourseMis/src/com/coursemis/CourseAddActivity.java

```
teacherid = preferences.getInt("teacherid", 0);
//测试下层Activity接收到的数据
System.out.println("接收: teacherid = "+teacherid);
```

最后，发现在CourseActivity传入的教师id和在CourseAddActivity接收的教师id是一致的，说明数据传递成功，效果图如图8-25所示。

```
I   01-17 08:06:30.766   731   731   com.coursemis   System.out   发送: teacherid = 1
I   01-17 08:06:30.766   731   731   com.coursemis   System.out   已显式启动CourseAddActivity
I   01-17 08:06:30.876   731   731   com.coursemis   System.out   接收: teacherid = 1
```

图8-25　Bundle在Activity间的数据交换测试图

（2）获取Activity的返回值

当教师需要修改相关课程信息时，在CourseActivity页面选择相关课程跳转到CourseInfoActivity页面后，单击顶端的功能按钮，选择“编辑”功能，进入编辑界面CourseEditActivity。教师编辑授课时间，单击“请选择”按钮，进入时间选择界面CourseTimeActivity，选择好时间。本测试依然可以通过比较传入前与接收后的数据是否相同来判断数据是否传输成功。在传递前先以字符串形式输出选择的时间，相关代码如下所示：

程序清单：08/8.3/client/CourseMis/src/com/coursemis/CourseTimeActivity.java

```
listView_coursetimeList.setOnItemClickListener(new OnItemClickListener(){
    @Override
    public void onItemClick(AdapterView<?> arg0, View arg1, int arg2, long arg3) {
        //TODO Auto-generated method stub
        Intent intent = new Intent(CourseTimeActivity.this, CourseEditActivity.class);
        Bundle bundle = new Bundle();
        //测试发送到上层Activity的数据
        System.out.println(arg0.getItemAtPosition(arg2).toString());
        bundle.putString("time_1", arg0.getItemAtPosition(arg2).toString());
        bundle.putInt("weekday_1", arg2+1);
        intent.putExtras(bundle);
        CourseTimeActivity.this.setResult(RESULT_OK,intent);
        CourseTimeActivity.this.finish();
    }
});
```

选择好授课时间返回编辑界面后，将传递过来的数据以字符串形式输出，相关代码如下所示：

程序清单：08/8.3/client/CourseMis/src/com/coursemis/CourseEditActivity.java

```
public void onActivityResult(int requestCode, int resultCode, Intent intent) {
    if (requestCode == COURSETIME && resultCode == Activity.RESULT_OK) {
        Bundle bundle = intent.getExtras();
        String resultTime = bundle.getString("time_1");
        weekday = bundle.getInt("weekday_1");
        //测试上层 Activity 接收到的数据
        System.out.println(resultTime);
        time_course_editText.setText(resultTime);
    }
}
```

最后，发现在 CourseTimeActivity 传入的授课时间和在 CourseEditActivity 接收到的授课时间是一致的，说明数据传递成功，效果图如图 8-26 所示。

1199	1199	com.coursemis	System.out	周三
1199	1199	com.coursemis	System.out	周三

图 8-26　在 Activity 间返回数据测试图

8.4　广播事件

广播，指可以播放各种消息。在本节中将介绍 Android 的广播组件就是具备这样的功能。

BroadcastReceiver（广播）作为 Android 四大组件之一，其本质就是一个全局监听器，用来监听系统的全局消息。广播消息的内容多种多样，可以是与应用程序密切相关的数据信息，也可以是 Android 的系统信息，例如网络连接变化、电池电量变化、接收到短信和系统设置变化等。系统根据自身需要，选择不同的广播。

8.4.1　实现 BroadcastReceiver

首先，需要了解 BroadcastReceiver 的概念，BroadcastReceiver 是用来接收程序所发出的广播，这里的程序可以是系统程序，也可以是第三方开发的程序。

如何启动 BroadcastReceiver 呢？这又要用到我们熟悉的 Intent。之前已经讲过如何启动 Activity，启动 BroadcastReceiver 的方法和启动 Activity 的方法相同，如下是启动 BroadcastReceiver 的步骤：

1）构造需要启动 BroadcastReceiver 的 Intent。

2）调用 sendBroadcast() 方法来启动指定的 BroadcastReceiver。

实现 BroadcastReceiver 也非常简单，重写 BroadcastReceiver 的 onReceive() 方法即可。

由于 BroadcastReceiver 的作用是监听系统的全局消息，因此，当广播的消息被接收后，系统就会认定该对象已经不再是一个活动的对象，便结束了它的生命周期。也就是说，当系统有 Broadcast 事件发生时，就会去检索符合条件的 BroadcastReceiver 并且启动 onReceive() 方法，该方法处理完后，BroadcastReceiver 实例即被销毁。值得注意的是，BroadcastReceiver 自身的生命周期很短，5 秒没有执行完毕，系统就会认为该程序无法响应，因此，在 BroadcastReceiver 中尽量不要处理太多逻辑问题，复杂的逻辑建议交给 Activity 或者 Service 去处理。

在本项目中，由于广播监听全局的特殊功能，一些用户提醒就需要它来实现，因此，我们给出一个实例：教师授课的相关课程中，需要有参与课程的学生列表信息，当教师对某一课程没有导入或添加任何学生时，可以给予一定的提醒。相关代码如下所示：

程序清单：08/8.4/client/CourseMis/src/com/coursemis/CourseActivity.java

```
void broadcast(){
    //创建 Intent 对象
    Intent intent = new Intent();
    //设置 Intent 的 Action 属性
    intent.setAction("com.coursemis.action.BROAD_ACTION");
    intent.putExtra("msg" , "您有一些课程还没有学生！！！ ");
    //发送广播
    sendBroadcast(intent);
}
```

加粗的代码便是启动 BroadcastReceiver 的核心代码。首先，创建一个 Intent 对象，接下来，设置 Intent 的 Action 属性，实现广播操作，最后调用 sendBroadcast() 函数，就可把 Intent 携带的消息广播出去。因为要通过 Intent 传递额外数据，可以用 Intent 的 putExtra() 方法。

启动广播的代码完成了，那么便需要考虑调用广播的位置和条件。首先，设置 courseid_empty_student 变量，若该门课程没有导入或添加任何学生，便从服务器中传入课程 id 到客户端，继而客户端判断 courseid_empty_student 的容量，若不为 0，则说明有课程没有导入任何学生信息，最后调用广播提醒，相关代码如下所示：

程序清单：08/8.4/client/CourseMis/src/com/coursemis/CourseActivity.java

```
client.post(HttpUtil.server_course_teacher, params,
            new JsonHttpResponseHandler() {
    @Override
    public void onSuccess(int arg0, JSONObject arg1) {
        // TODO Auto-generated method stub
        ......
         //判断是否从服务器端传来 Flag_Empty_Student 的标志，如果有，就把该课程的 id 放入 courseid_
empty_student
            if(object.optBoolean("Flag_Empty_Student")){
                courseid_empty_student.add(object.optInt("CId"));
            }

        ......
        //如果 courseid_empty_student 容量不为 0，则发送广播
            if(courseid_empty_student.size()>0){
                broadcast();
            }

        super.onSuccess(arg0, arg1);
    }

});
```

接下来，实现 BroadcastReceiver，即重写 onReceive() 方法，相关代码如下所示：

程序清单：08/8.4/client/CourseMis/src/com/coursemis/EmptyCourseReceiver.java

```
public class EmptyCourseReceiver extends BroadcastReceiver {

    @Override
    public void onReceive(Context arg0, Intent arg1) {
        // TODO Auto-generated method stub
        //显示广播所携带的信息
        Toast.makeText(arg0 , "接收到的 Intent 的 Action 为: "
                + arg1.getAction()
                + "\n 消息内容是: " + arg1.getStringExtra("msg")
                , 5000).show();
    }
}
```

广播并非一直在后台运行，而是当系统需要时它才会被调用。在本例中，广播实现的是弹出提示框，显示提示内容。

8.4.2 BroadcastReceiver 的注册与注销

1. BroadcastReceiver 的注册

为了让 BroadcastReceiver 发挥其应有的作用，千万不能忘记注册的步骤。这里介绍两种注册的方式：利用 AndroidManifest.xml 文件进行注册以及用代码直接进行注册。

（1）AndroidManifest.xml 文件注册

可以在 AndroidManifest.xml 文件或在代码中注册一个 BroadcastReceiver，并在其中使用 Intent 过滤器指定要处理的广播消息。

程序清单：08/8.4/client/CourseMis/AndroidManifest.xml

```
<!—配置 BroadcastReceiver-->
<receiver android:name=".EmptyCourseReceiver">
    <intent-filter>
        <action android:name="com.coursemis.action.BROAD_ACTION" />
    </intent-filter>
</receiver>
```

（2）代码直接注册

利用代码直接进行注册的方式比较灵活，但是并不常用，因此不推荐，相关代码如下所示：

```
IntentFilter filter = new IntentFilter(BROAD_ACTION);
EmptyCourseReceiver emptycourseReceiver = new EmptyCourseReceiver();
registerReceiver(emptycourseReceiver, filter);
```

利用 BroadcastReceiver 的 registerReceiver() 方法直接进行事件的代码注册。

2. BroadcastReceiver 的注销

如果想要把已经注册好的 BroadcastReceiver 进行注销，可以利用 unregisterReceiver() 方法，相关代码如下所示：

```
unregisterReceiver(emptycourseReceiver);
```

做完以上的步骤，当我们把页面转到 CourseActivity 时，就可以看到由于还有课程没有导入或添加任何学生，继而 BroadcastReceiver 启动的界面，效果如图 8-27 所示。

图 8-27 课程管理广播图

8.4.3 测试广播事件

本小节需要测试广播事件，首先发送广播的方法，输出一串字符，将这串字符放置在发送广播之后。

程序清单：08/8.4/client/CourseMis/src/com/coursemis/CourseActivity.java

```
void broadcast(){
    //创建 Intent 对象
    Intent intent = new Intent();
    //设置 Intent 的 Action 属性
    intent.setAction("com.coursemis.action.BROAD_ACTION");
    intent.putExtra("msg" , "您有一些课程还没有学生！！！ ");
    //发送广播
    sendBroadcast(intent);
    //测试广播已发送
    System.out.println("广播已发送");
}
```

在接收广播函数 onReceive() 方法完成所有操作后，若输出一串字符，则说明该方法运行正常，接收到了发送的广播。

程序清单：08/8.4/client/CourseMis/src/com/coursemis/EmptyCourseReceiver.java

```
public void onReceive(Context arg0, Intent arg1) {
    //TODO Auto-generated method stub
    Toast.makeText(arg0 , "接收到的 Intent 的 Action 为："
                + arg1.getAction()
                + "\n 消息内容是：" + arg1.getStringExtra("msg")
                , 5000).show();
    //测试已接收到广播消息，并显示
    System.out.println("接收到广播信息");
}
```

发送广播方法执行成功，输出“广播已发送”的字符串，接收广播方法执行也成功了，输出“接收到广播信息”，如图8-28所示。

I	01-17 08:53:10.736	1029	1029	com.coursemis	System.out	广播已发送
I	01-17 08:53:10.846	1029	1029	com.coursemis	System.out	接收到广播信息

图8-28　课程管理广播测试图

扩展练习

1. Intent 启动 Activity 的方式有哪些？

2. 修改图8-3课程管理界面，增加获取课程的任课教师等相关信息的功能，如下图所示。

3. 利用适配器 Adapter 实现图片浏览，如下图所示。

第9章　课堂点到

本章将介绍课堂点到模块实现的相关内容，教师与学生都需要参与到课堂点到过程中。

当教师登录后，从欢迎界面 WelcomeActivity 选择“学生点名”功能跳转到学生点名界面 TMentionNameActivity，用来对上课的学生进行点到工作；选择“学生签到”功能跳转到学生签到界面 TStartSignInActivity，开启签到，通过签到方式对上课的学生进行点名；选择“到课情况”功能，可以选择相关课程查询学生到课情况。教师欢迎界面如图 9-1 所示。

学生登录后，从欢迎界面 StudentMainActivity 选择“学生签到”功能进行签到；选择“到课情况”功能，显示所有课程的到课情况；选择“我在哪里”，显示地图，并显示学生的位置信息。学生欢迎界面如图 9-2 所示。

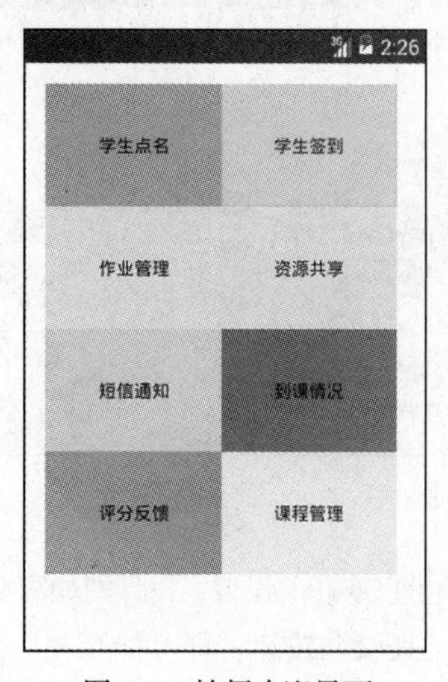

图 9-1　教师欢迎界面

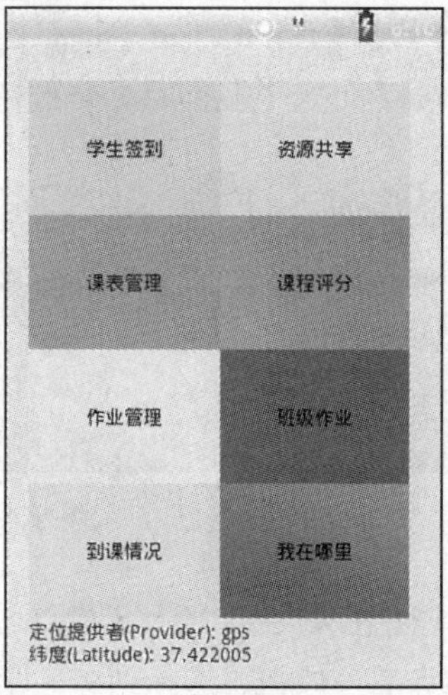

图 9-2　学生欢迎界面

学习重点

- 后台服务 Service 的实现与使用
- 百度地图 API 的配置与使用
- 基于位置服务的实现

9.1　功能分析和设计

课堂点到的组织结构图如图 9-3 所示。

9.1.1　学生点名

（1）功能分析

教师通过登录界面进入教师课程管理界面，单击“学生点名”进入课堂点名界面。教师用户可以选择课程、上课周数、当前上课时间，将这些信息与数据库匹配找到课程对应的学生信息列表，根据列表信息进行学生点名。如果学生到课则在对应记录后打钩，并修改数据库表信息。

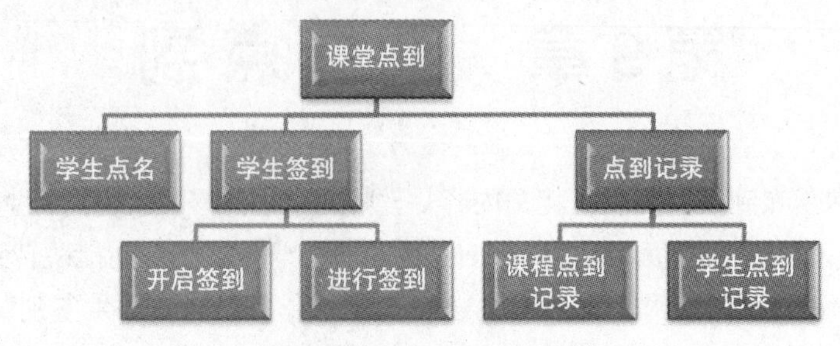

图 9-3　教师课堂点到的组织结构图

（2）设计

课堂点名界面以及相关信息的选择界面如图 9-4 所示。

图 9-4　课堂点名界面设计图

教师选择好相关设置，返回课堂点名界面，此时界面上已有相关设置，设计图如图 9-5 所示。

单击“点名”按钮，选择到课的学生名单，单击“提交”按钮，即可保存相应学生的点名结果至数据库，相关设计图如图 9-6 所示。

图 9-5　完成相关设置后课堂点名界面设计图

图 9-6　选择到课的学生界面设计图

9.1.2 学生签到

教师进入“学生签到”页面，根据实际上课情况选择相应课堂，设置签到时间，开启签到；然后学生在规定时间内登录系统，进入“学生签到”模块，系统查询数据库，显示当前该学生需要进行签到的课堂信息，单击“签到”按钮，进行签到。

1. 开启签到

（1）功能分析

教师通过登录界面进入教师课程管理界面，单击“学生签到”进入签到开启界面，选择课程、课程周数、课程时间以及允许学生签到的限定时间，在弹出的窗口中选择是否开启签到模式。

（2）设计

学生签到界面以及相关信息的选择界面如图 9-7 所示。

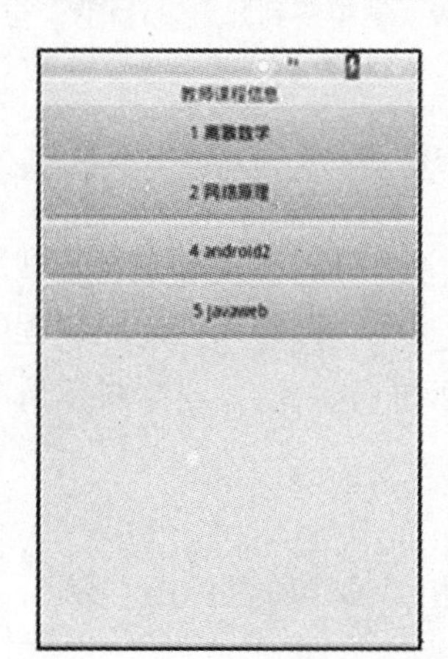

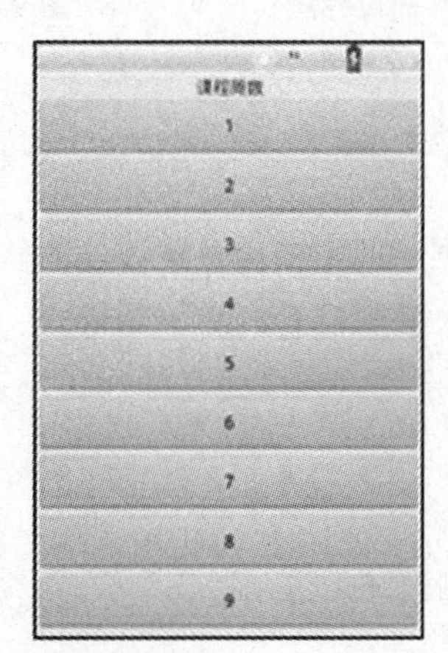

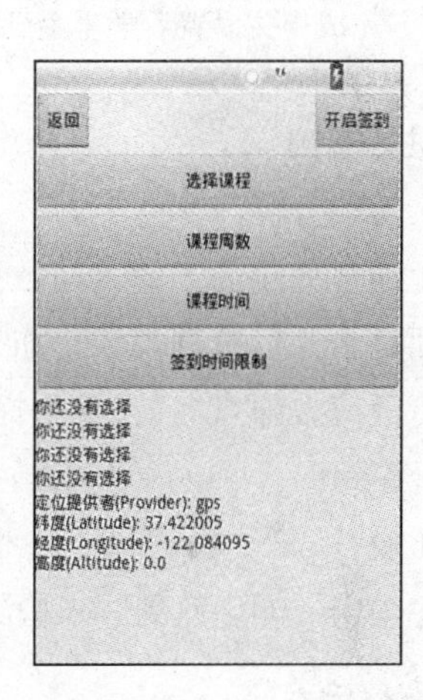

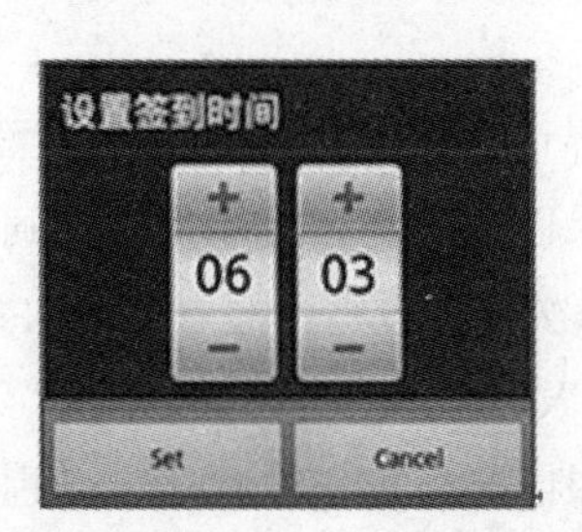

图 9-7　学生签到界面设计图

教师选择好相关设置，返回学生签到界面，此时界面上已有相关设置，设计图如图 9-8 所示。

单击“开启签到”按钮，返回到欢迎界面，并提示签到已开启，相关设计图如图 9-9 所示。

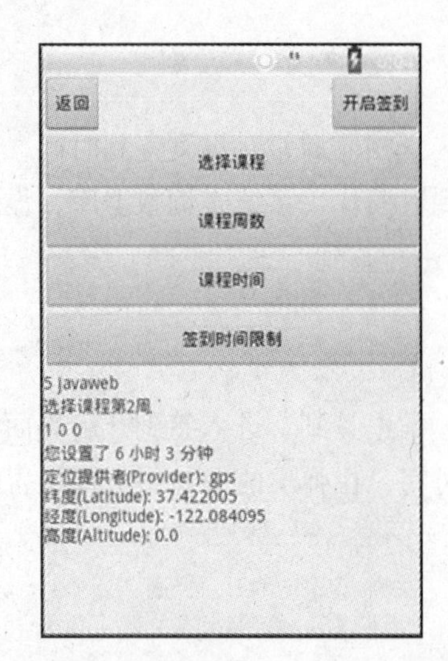

图 9-8 完成相关设置后学生签到界面设计图

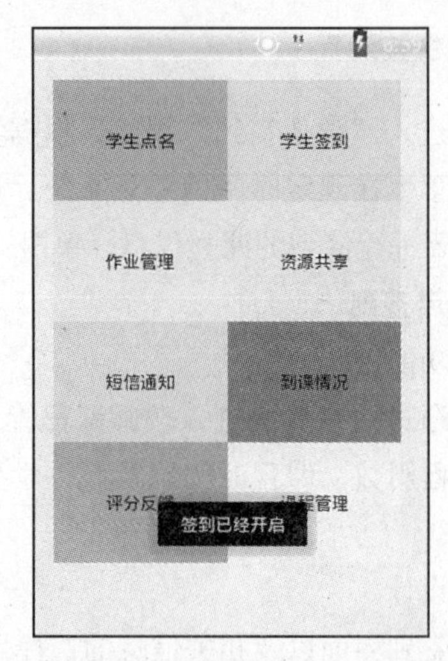

图 9-9 学生签到开启设计图

2. 进行签到

（1）功能分析

学生通过登录界面输入与数据库匹配的信息进入学生管理界面，单击“学生签到”选项检测教师是否开启签到模式。如果教师没有开启签到模式，提示“教师未开启此课程的签到模式，请等待教师点名”，否则提示“签到模式已开启，是否进行签到”，学生根据情况选择是否进行签到。

（2）设计

学生单击“学生签到”来检测教师是否开启签到模式，相关设计如图 9-10 所示。

9.1.3 点到记录

教师和学生进入“点到记录”页面，可以选择某一具体课程，对课程点到情况进行查看。

1. 课程点到记录

（1）功能分析

教师通过登录界面进入教师课程管理界面，单击“到课情况”进入教师所带课程列表，通过选择要查看的课程记录查看此课程的点到记录列表。此列表包含了选修此课程的所有学生信息，也包括到课次数和教师已经点名的次数。

（2）设计

教师单击“到课情况”进入教师所带课程列表，通过选择要查看的课程，查看此课程点到记录列表，相关设计如图 9-11 所示。

选择某一课程进行点到情况的查询，相关设计如图 9-12 所示。

2. 学生点到记录

（1）功能分析

学生通过登录界面输入与数据库匹配的信息进入学生管理界面，单击“到课情况”可查看到课列表，此列表包括学生所选所有课程的到课情况。

（2）设计

学生单击“到课情况”，可查看该学生所选所有课程的到课情况，相关设计图如图 9-13 所示。

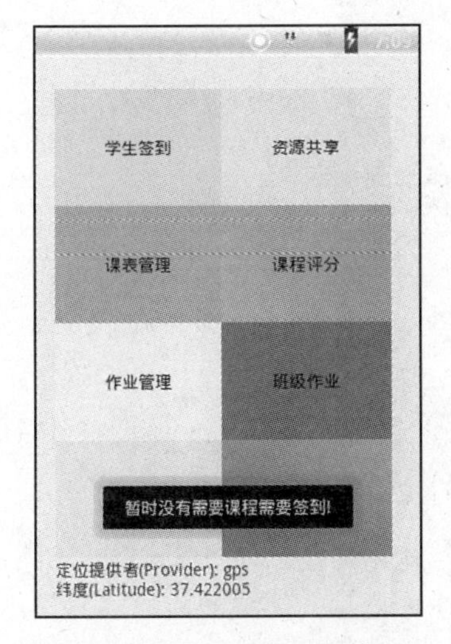

图 9-10　进行签到界面设计图

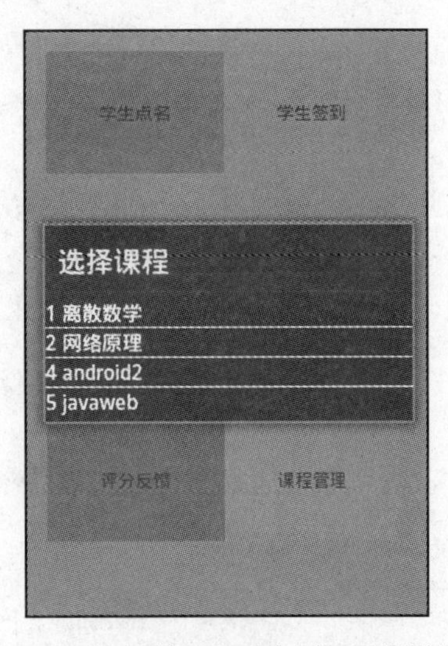

图 9-11　选择课程查看点到记录设计图

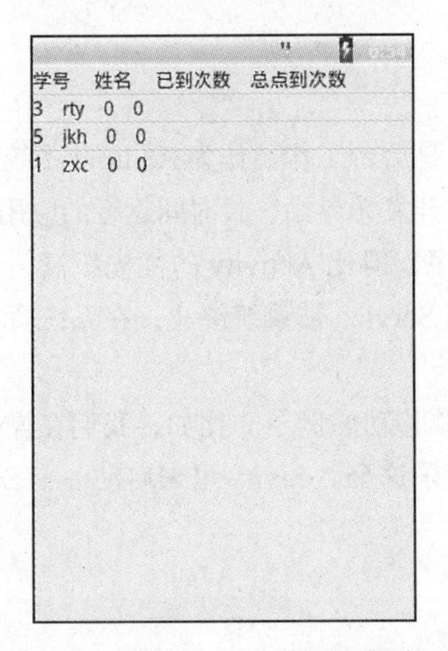

图 9-12　课程点到记录界面设计图

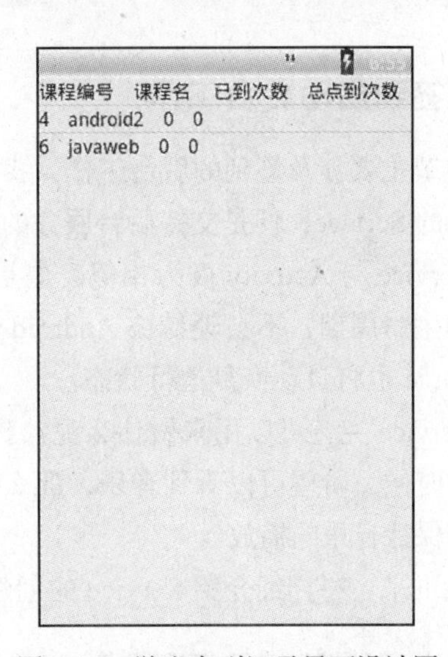

图 9-13　学生点到记录界面设计图

9.1.4　显示位置

（1）功能分析

学生登录到欢迎界面，可以通过选择“我在哪里”按钮显示地图。地图可以放大、缩小，显示实时位置信息，使用覆盖以及与用户进行交互。

（2）设计

学生单击“我在哪里”，显示可缩放的地图，查看该学生所在地理位置，并添加覆盖以及用户响应交互等功能，相关设计图如图 9-14 所示。

图 9-14　显示位置界面设计图

9.2　签到启动后台工作

本节主要涉及签到的后台工作，我们先来介绍什么是后台工作。作为 Android 系统四大组件之一的 Service，便是支持后台服务的组件，其适用于开发无界面、长时间运行的应用功能。

Service 与 Activity 极为相似，也是可以执行的程序，但比 Activity 的优先级高，也具有自己的生命周期，不会轻易被 Android 系统终止，即使 Service 被系统终止，在系统资源恢复后 Service 也将自动恢复运行状态。

Service 究竟可以用来做什么呢？我们来举一个简单移动的例子。比如，我们在操作其他软件的时候，希望可以听到音乐，那么便可以在播放音乐这个 Activity 里来启动一个 Service，在后台保持音乐的播放。

接下来，将详细介绍 Service 的创建和控制。

9.2.1　创建和控制签到情况服务

由于 Service 与 Activity 同为 Android 系统四大组件，创建和控制的过程也大致一样。首先，创建一个 Service 类，继而在 AndroidManifest.xml 文件中配置即可。

创建 Service，一般需要重写 onBind()、onCreate() 和 onDestroy() 方法，大多数情况下还需要重写 onStartCommand() 方法。创建 Service 的方法以及其他生命周期方法如下。

1）IBinder onBind(Intent intent)：该方法用于绑定服务，返回一个 Ibinder 对象进行操作，实现 Service 的通信。

2）boolean onUnbind(Intent intent)：该方法用于断开多个绑定在客户端的服务。

3）onCreate()：当 Service 被创建后，就调用该方法。

4）onDestroy()：当需要关闭时，调用该方法。

5）onStartCommand(Intent intent, int flags, int startId)：每次 Service 被启动的时候，就会调用该方法，从而创建一个新的线程，在后台执行处理。该方法通过返回不同的控制常量实现不同的重启服务。下面列出这些控制常量。

- START_STICKY：经常处理一些自身状态的服务，或者通过 StartService(Intent intent) 和 StopService(Intent intent) 显示启动和关闭的服务，当服务终止后重启，会调用 onStartCommand() 方法。
- START_NOT_STICKY：处理一些特殊的服务，通过 stopSelf() 终止后，如果之前存在未实现的服务才会去重启处理。
- START_REDELIVER_INTENT：在处理服务被终止时，如果之前存在未实现的服务或者进程在调用 stopSelf() 方法前就被终止，才会重启服务。

先来看一下 Service 的创建，如下代码定义了一个简单的 Service 组件。

程序清单：09/9.2/client/CourseMis/src/com/service/TSignInService.java

```
public class TSignInService extends Service {
    //用于Service通信的方法
    @Override
    public IBinder onBind(Intent arg0) {
        // TODO Auto-generated method stub
        return null;
    }

//Service创建时回调的方法
    @Override
    public void onCreate() {
        // TODO
        System.out.println("service is created");
    }

//Service启动时回调的方法
    @Override
    public int onStartCommand(Intent intent, int flags, int startId){
        System.out.println("service is started");
        return Service.START_STICKY;
    }

    //Service关闭时回调的方法
    @Override
    public void onDestroy() {
        // TODO
        System.out.println("service is destroyed");
    }
}
```

该代码演示了 Service 从创建 onCreate() 到启动 onStartCommand() 再到消亡 onDestroy() 的过程，并且在每个阶段输出一串字符。

创建好以上的 Service 后，接下来在 AndroidManifest.xml 文件中配置该 Service。

程序清单：09/9.2/client/CourseMis/AndroidManifest.xml

```
<!-- 配置 Service-->
<service
    android:name="com.service.TSignInService" >
</service>
```

以上对 Service 做了大致的介绍，下面就具体来看一下如何启动 Service。Service 的启动方式有两种：通过 StartService() 方法启动和通过 bindService() 方法启动。

（1）通过 StartService() 方法启动 Service

通过该方法启动 Service，活动与 Service 没有多少关联，其生命周期的系列方法包括以下几个事件回调函数。

- onCreate()：Service 的生命周期开始，完成 Service 的初始化工作。
- onStart()：活动生命周期开始，但没有与之对应的“停止”函数，因此可以近似认为活动生命周期也是以 onDestroy() 标志结束。
- onDestroy()：Service 的生命周期结束，释放 Service 所有占用的资源。

（2）通过 bindService() 方法来启动 Service

在这种启动方式下，onCreate() 和 onDestroy() 事件回调函数依然不变，改变的是两个函数之间启动与结束的方式。

- onBind(Intent intent)：该方法用于绑定服务，实现 Service 的通信。
- onUnbind(Intent intent)：该方法用于断开多个绑定在客户端的服务。

接下来我们来介绍一下，如何使用这两种方法启动 Service。

9.2.2 通过服务处理后台运行的签到情况进程

本小节介绍通过 StartService(Intent intent) 方法启动 Service，并利用 StopService(Intent intent) 方法关闭 Service。

在这两个方法中，需要将当前的 Context 与之前创建好的 Service 的 class 作为参数构造成一个 Intent，之后把创建好的这个 Intent 作为参数传递给 startService() 方法。

程序清单：09/9.2/client/CourseMis/src/com/coursemis/WelcomeActivity.java

```
Intent intent1 = new Intent(WelcomeActivity.this,TSignInService.class);
//启动相应的 Service
tss.startService(intent1);
//关闭相应的 Service
tss.stopService(intent1);
```

加粗的代码是启动和关闭 Service 的核心代码，可以看出启动和关闭 Service 的方法非常简单。值得注意的是，多次启动 Service，并不会多次调用 onCreate()，但是每次启动的时候，都会去调用 onStart() 方法。

9.2.3 将签到情况活动与服务绑定

上一小节介绍了通过 StartService() 方法启动 Service，在这种方式下，Service 和活动不会有太多关联，也没有数据交换。因此，本小节我们将介绍第二种启动方式——通过

bindService() 方法来启动 Service，便可进行数据交互，同时与活动绑定，还可以具有较为精致的用户界面。

由于其良好的数据交互性，针对本项目，我们就可以利用这种 Service 的启动方式，进行耗时的后台工作。在确认到课情况模块中，教师确认哪些学生已经参与了签到时，需要去服务器端提取数据显示到客户端，继而显示出来。这样的操作一直在前台进行就会显得颇为耗时，何不在后台准备好这些数据，等到需要的时候，再显示出来呢？因此，利用这种启动方式，在教师选好需要显示签到结果的课程时，可直接获取 Service 收集好的数据。

活动与 Service 的连接主要取决于 ServiceConnection，在这里需要建立一个新的 ServiceConnection，这里就需要重写 onServiceConnected() 和 onServiceDisconnected() 方法来获得服务实例的引用。

程序清单：09/9.2/client/CourseMis/src/com/coursemis/WelcomeActivity.java

```
//定义一个 ServiceConnection 对象
private ServiceConnection mConnection = new ServiceConnection(){
    //该 Activity 与 Service 连接成功时回调的方法
    @Override
    public void onServiceConnected(ComponentName arg0, IBinder arg1) {
        // TODO Auto-generated method stub
        tss= ((TSignInService.LocalBinder)arg1).getService();
    }

    //该 Activity 与 Service 断开连接时回调的方法
    @Override
    public void onServiceDisconnected(ComponentName arg0) {
        // TODO Auto-generated method stub
        tss=null;
}};
```

当继承 Service 类开发一个服务 TSignInService 时，该 Service 类就需要提供一个 IBinder onBind(Intent intent) 方法绑定好这个 Service，这个方法返回的 IBinder 对象会传给 ServiceConnection 对象里的 onServiceConnected() 里的 Service 参数，这样活动就可以通过 IBinder 对象与 Service 通信了，详细代码如下所示：

程序清单：09/9.2/client/CourseMis/src/com/service/TSignInService.java

```
public class TSignInService extends Service {
    //定义 onBind 方法所返回的对象
    private final IBinder mBinder = new LocalBinder();
    //实现 IBinder 类
    public class LocalBinder extends Binder{
        public TSignInService getService()
        {
            return TSignInService.this;
        }
    }

    //用于 Service 通信的方法
```

```
        @Override
        public IBinder onBind(Intent arg0) {
            // TODO Auto-generated method stub
            return mBinder;
        }

        //解除 Service 绑定的方法
        public boolean onUnbind(Intent intent)
        {
            return false;
        }

        public void signService()
        {

        }

        //取出服务器的签到信息
        public void signInServiceInfo(ArrayList<String> list,JSONObject arg1)
        {
            list.add(0, "学号"+"    "+"姓名"+"    "+"已到次数"+"    "+"总点到次数");
            for(int i=1;i<=arg1.optJSONArray("result").length();i++){
                JSONObject object_temp = arg1.optJSONArray("result").optJSONObject(i-1);
                        list.add(i, (object_temp.optInt("SNumber")+"
                            "+object_temp.optString("SName")+"
                            "+object_temp.optString("SCPointNum")+"
                            "+object_temp.optString("ScPointTotalNum")));
            }
        }
    }
```

如上加粗的代码还提供了 signInServiceInfo() 方法，用来取出服务器的签到信息。

与 Service 绑定，就需要在活动里调用之前提到的 bindService()，这个与之前用 Intent 直接启动 Service 的方法有所不同，这里详细介绍一下。bindService(Intent Service, ServiceConnection conn, int flags) 方法中具有三个参数：第一个参数是需要的 Service，第二个参数是用来监听活动和 Service 的连接状况，第三个参数是用来判断是否需要自动创建 Service。如下是服务和活动绑定的相关代码：

程序清单：09/9.2/client/CourseMis/src/com/coursemis/WelcomeActivity.java

```
public void onItemClick(AdapterView<?> arg0,View arg1,int arg2,long arg3){
    final Intent serviceIntent = new Intent(WelcomeActivity.this,TSignInService.class);
    // Intent 与 Service 绑定
    bindService(serviceIntent,mConnection,Context.BIND_AUTO_CREATE);
    courseInfo = list.get(arg2);
    RequestParams params = new RequestParams();
    params.put("courseInfo", courseInfo);
    client.post(HttpUtil.server_teacher_StudentCourse, params,new
        JsonHttpResponseHandler(){
        @Override
        public void onSuccess(int arg0, JSONObject arg1) {
```

```
            JSONArray object = arg1.optJSONArray("result");
            if(object.length()==0){
                Toast.makeText(WelcomeActivity.this,"你这门课没有学生选修!",
                    Toast.LENGTH_SHORT).show();
            }else{
                ArrayList<String> list=new ArrayList<String>();
                //调用 Service 里 signInServiceInfo() 方法
                tss.signInServiceInfo(list, arg1);
                Intent intent = new Intent(WelcomeActivity.this,
                    TCourseSignInActivity.class);
                intent.putStringArrayListExtra("studentCourseSignInInfo", list);
                startActivity(intent);
            }
            super.onSuccess(arg0, arg1);
        }
    });
}
```

在这段代码中还通过“tss.signInServiceInfo(list, arg1);”调用了 Service，最后将 Service 准备好的数据放入 Intent，页面跳转至 TCourseSignInActivity，通过列表的方式将已经参与签到的学生名单显示出来。

9.2.4 将签到情况服务移动到后台线程中

如果 Service 在 onCreate() 或 onStart() 方法中做一些比较耗时的动作时，就需要启动一个新的线程来运行这个 Service 了，如果让这个 Service 继续运行在主线程中，可能会影响到主线程中的 UI 操作，或者是阻塞其他重要操作。

因此，我们需要对上一节的代码进行一定修改，将 Service 移动到后台线程中，本节使用 Android 的 Handler 类和 Thread 中提供的线程类创建和管理子线程。首先，来介绍下 Handler。Handler 被称为消息的处理者，使用它，我们可以在完成一个很长时间的任务后做出相应的通知。那么，就必须要先了解什么是消息（Message）：顾名思义就是记录消息的类。这个类有几个比较重要的字段。

- arg1 和 arg2：这两个字段可以用来存放需要传递的整型值，在 Service 中，我们可以用来存放 Service 的 id。
- obj：该字段是 Object 类型，可以使用该字段传递某个对象到消息的接收者中。
- what：这个字段是消息的标志，在消息处理中，通过 switch(msg.what) 判断，进行不同的处理。

一般来说，我们通过 Handler 对象可以封装 Message 对象，然后通过 sendMessage(msg) 把 Message 对象添加到 MessageQueue 中。这里提到的 MessageQueue 是用来存放 Message 对象的数据结构，按照“先进先出”的原则存放消息。存放并非实际意义的保存，而是将 Message 对象以链表的方式串联起来。MessageQueue 对象不需要我们自己创建，而是有 Looper 对象对其进行管理，一个线程最多只可以拥有一个 MessageQueue。当 MessageQueue 循环到需要的 Message 时，就会调用该 Message 对象对应的 handler 对象的

handleMessage() 方法对其进行处理。由于是在 handleMessage() 方法中处理消息，因此我们应该编写一个类继承自 Handler，然后在 handleMessage() 处理我们需要的操作，整个过程是异步的。

根据以上概述，首先，创建一个新的线程并启动，相关代码如下所示：

程序清单：09/9.2/client/CourseMis/src/com/coursemis/WelcomeActivity.java

```
client.post(HttpUtil.server_teacher_StudentCourse, params,
    new JsonHttpResponseHandler(){
    @Override
    public void onSuccess(int arg0, final JSONObject arg1) {
        JSONArray object = arg1.optJSONArray("result");
        if(object.length()==0){
        Toast.makeText(WelcomeActivity.this,"你这门课没有学生选修！",
            Toast.LENGTH_SHORT).show();
        }else{
         //启动子线程，处理 Service
            new Thread(){
                @Override
                public void run(){
                    //逻辑处理
                    //执行完毕后给 handler 发送一个空消息，标记为 0
                    tss.signInServiceInfo(Servicelist, arg1);
                    handler.sendEmptyMessage(0);
                }
            }.start();
        }
        super.onSuccess(arg0, arg1);
    }
});
```

在该新线程中，执行后台程序，当后台程序执行完后，发送一个空消息给主线程，该消息标记为 0，添加到 MessageQueue 中。

主线程处理时，Handler 接收子线程所传递的消息，调用 handleMessage() 方法进行数据传递、页面跳转等操作，相关代码如下所示：

程序清单：09/9.2/client/CourseMis/src/com/coursemis/WelcomeActivity.java

```
private Handler handler  = new Handler()
{
    @Override
    public void handleMessage(Message msg)
    {
     //循环处理 MessageQueue 中的消息
        switch(msg.what)
        {
         //循环到标记为 0 的消息，进行一定的处理
            case 0:
            Intent intent = new Intent(WelcomeActivity.this,
                TCourseSignInActivity.class);
            intent.putStringArrayListExtra("studentCourseSignInInfo", Servicelist);
```

```
                startActivity(intent);
                Toast.makeText(WelcomeActivity.this, "签到数据已经生成...",
                    Toast. LENGTH_SHORT).show();
                break;
            }
        }
    };
```

如上加粗的代码便是消息处理的核心代码，当通过 switch(msg.what) 遍历 MessageQueue，循环到标记为 0 的 Message 时，执行一定的操作：将 Service 取得的数据传入 Intent，当页面跳转时，数据也被传入到了下一个页面 TCourseSignInActivity，最后在页面 TCourseSignInActivity 将参与签到学生以列表形式显示。

9.2.5 测试签到情况后台服务

主界面启动子线程，后台 Service 执行完毕后，获得参与签到的学生姓名，并将其输出，继而发送一个空消息至主线程，输出一串“已发送”的字符提示：

程序清单：09/9.2/client/CourseMis/src/com/coursemis/WelcomeActivity.java

```
new Thread(){
    @Override
    public void run(){
        //逻辑处理
        //执行完毕后给 handler 发送一个空消息
        tss.signInServiceInfo(Servicelist, arg1);
        //后台 Service 处理完毕，输出获得的数据
        System.out.println(Servicelist);
        handler.sendEmptyMessage(0);
        //测试是否已发送空消息
        System.out.println("执行完后。发送一个空消息");
    }
}.start();
```

主线程处理接收到的消息，当循环到该消息时，给予字符串提示，之后做出相应操作。

程序清单：09/9.2/client/CourseMis/src/com/coursemis/WelcomeActivity.java

```
private Handler handler  = new Handler()
{
    @Override
    public void handleMessage(Message msg)
    {
        switch(msg.what)
        {
            case 0:
             //测试是否接收到子线程里发送的空消息
             System.out.println("接收到消息，返回主线程，并执行相关操作");
            Intent intent = new Intent(WelcomeActivity.this,TcourseSignInActivity.class);
            intent.putStringArrayListExtra("studentCourseSignInInfo", Servicelist);
            startActivity(intent);
```

```
            Toast.makeText(WelcomeActivity.this, "签到数据已经生成...",
                Toast.LENGTH_SHORT).show();
            break;
        }
    }
};
```

子线程启动后台程序执行成功，输出参与签到学生信息；消息处理执行同样执行成功，在子线程发出“执行完后。发送一个空消息”的字符串，说明子线程发送空消息成功，主线程处，输出“接收到消息，返回主线程，并执行相关操作”的字符串，说明子线程发出的空消息，主线程已经收到。效果图如图9-15所示。

```
01-21 08:29:27.816   912   912   com.coursemis   System.out   [学号   姓名   已到次数   总点到次数, 3
                                                              c   0   0]
01-21 08:29:27.816   912   912   com.coursemis   System.out   执行完后。发送一个空消息
01-21 08:29:27.816   912   912   com.coursemis   System.out   接收到消息，返回主线程，并执行相关操作
```

图9-15 签到显示后台服务测试图

9.3 创建基于百度地图的用户位置活动

由于本项目需要实现课堂点名以及签到的功能，同时，学生也可以使用其查询地理位置与信息，那么就需要对手机这样的移动设备进行定位，将其显示在电子地图上。

我们选择百度地图作为实现这项功能的基础，创建基于百度地图的用户位置活动，当学生获取定位信息后，进入“我在哪里”界面MapActivity后，通过相应的操作，可以在界面上出现地图，地图可以放大以及缩小，在地图上可以标定自己的位置，并且可使用覆盖，以及与用户进行交互工作。

本节将会介绍百度地图SDK的申请及使用，利用百度地图实现位置查询与显示，以及实现覆盖和用户交互等工作。

9.3.1 获取百度地图 Android SDK

百度地图Android SDK是一套基于Android 2.1及以上版本设备的应用程序接口，可以使用该套SDK开发适用于Android系统移动设备的地图应用，通过调用地图SDK接口，轻松访问百度地图服务和数据，构建功能丰富、交互性强的地图类应用程序。

百度地图Android SDK提供的所有服务是免费的，接口使用无次数限制，但需申请密钥(key)后，才可使用百度地图Android SDK，任何非营利性产品请直接使用。

首先，需要到百度地图API官网：http://developer.baidu.com/map/sdk-android.htm 获取密钥，单击相关链接，操作页面如图9-16所示。

单击“获取密钥”，出现如图9-17显示界面，即可申请密钥，具体步骤如下：

1）单击“获取密钥”。

2）进入密钥申请页并阅读相关的使用条款。

3）勾选“已阅读并同意条款”。

4）填写应用名称以及相应功能及描述。

5）输入验证码确定后，密钥即申请成功。

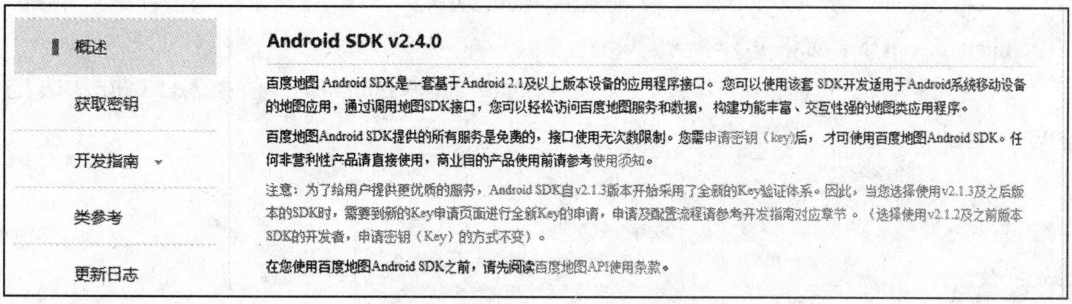

概述
获取密钥
开发指南
类参考
更新日志

Android SDK v2.4.0

百度地图 Android SDK是一套基于Android 2.1及以上版本设备的应用程序接口。您可以使用该套 SDK开发适用于Android系统移动设备的地图应用，通过调用地图SDK接口，您可以轻松访问百度地图服务和数据，构建功能丰富、交互性强的地图类应用程序。

百度地图Android SDK提供的所有服务是免费的，接口使用无次数限制。您需申请密钥（key)后，才可使用百度地图Android SDK。任何非营利性产品请直接使用，商业目的产品使用前请参考使用须知。

注意：为了给用户提供更优质的服务，Android SDK自v2.1.3版本开始采用了全新的Key验证体系。因此，当您选择使用v2.1.3及之后版本的SDK时，需要到新的Key申请页面进行全新Key的申请，申请及配置流程请参考开发指南对应章节。（选择使用v2.1.2及之前版本SDK的开发者，申请密钥（Key）的方式不变）。

在您使用百度地图Android SDK之前，请先阅读百度地图API使用条款。

图 9-16　百度地图 API 官网操作界面

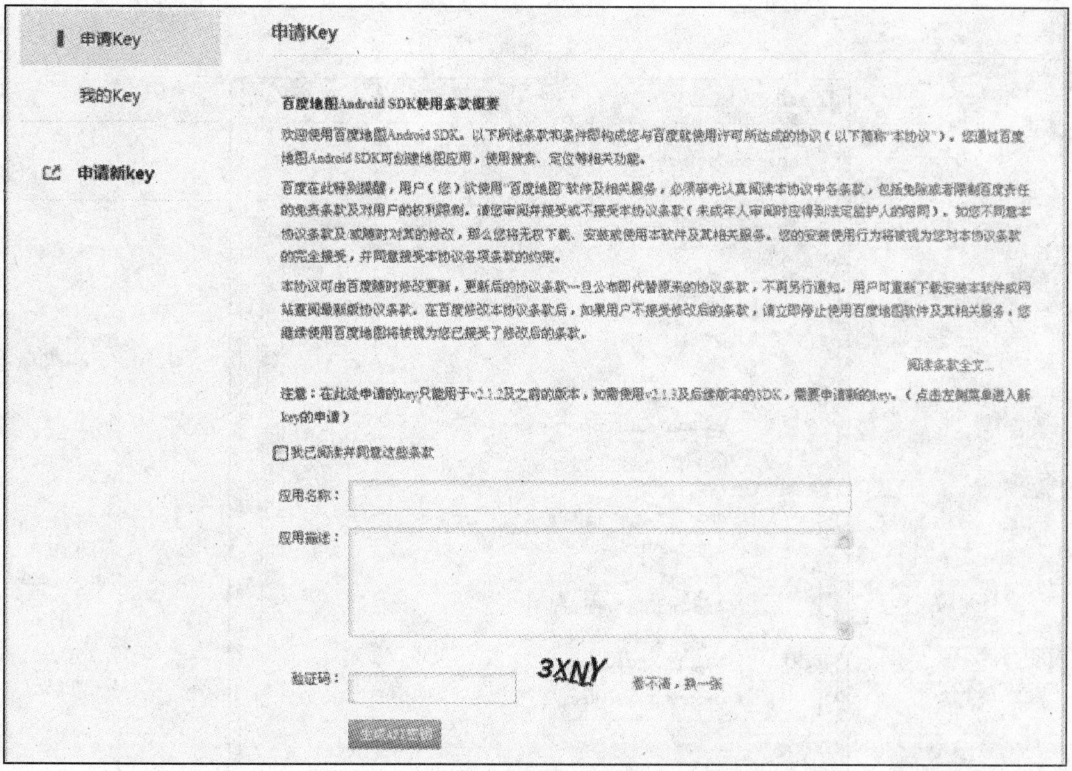

申请Key
我的Key
申请新key

申请Key

百度地图Android SDK使用条款概要

欢迎使用百度地图Android SDK。以下所述条款和条件即构成您与百度就使用许可所达成的协议（以下简称"本协议"）。您通过百度地图Android SDK可创建地图应用，使用搜索、定位等相关功能。

百度在此特别提醒，用户（您）欲使用"百度地图"软件及相关服务，必须事先认真阅读本协议中各条款，包括免除或者限制百度责任的免责条款及对用户的权利限制。请您审阅并接受或不接受本协议条款（未成年人审阅时应得到法定监护人的陪同）。如您不同意本协议条款及/或随时对其的修改，那么您将无权下载、安装或使用本软件及其相关服务。您的安装使用行为将被视为您对本协议条款的完全接受，并同意接受本协议各项条款的约束。

本协议可由百度随时修改更新，更新后的协议条款一旦公布即代替原来的协议条款，不再另行通知。用户可重新下载安装本软件或网站查阅最新版协议条款。在百度修改本协议条款后，如果用户不接受修改后的条款，请立即停止使用百度地图软件及其相关服务，您继续使用百度地图将被视为您已接受了修改后的条款。

阅读条款全文...

注意：在此处申请的key只能用于v2.1.2及之前的版本，如需使用v2.1.3及后续版本的SDK，需要申请新的key。（点击左侧菜单进入新key的申请）

☐我已阅读并同意这些条款

应用名称：

应用描述：

验证码：　3XNY　看不清，换一张

生成API密钥

图 9-17　申请百度地图 key 操作界面

申请到密钥后，在“相关下载”中即可下载到相关资料继而进行百度地图开发，所提供的材料有：

1）在安卓平台上使用百度地图的相关开发指南下载。

2）地图库所提供的类及方法说明相关下载。

3）开发所使用的相关包及说明示例下载。

9.3.2　创建一个基于百度地图的用户位置活动

这一小节中，我们需要创建一个基于百度地图的 Activity，在此基础上完成地图的相关功能。首先需要引入百度地图的开发包，才可进行相关地图的操作，步骤如下。

1）将 baidumapapi_v2_4_0.jar 以及 libBaiduMapSDK_v2_4_0.so 分别复制到工程根目录 libs 以及 libs\armeabi 下，如图 9-18 所示。

2）右键单击工程，单击属性→Java Build Path→Libraries 中选择 Add JARs，选定 baidumapapi_v2_4_0.jar，单击 OK，如图 9-19 所示。

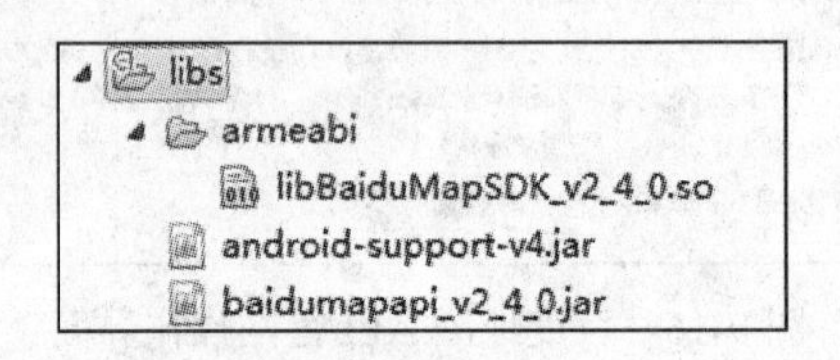

图 9-18　添加相关百度地图库文件至工程目录

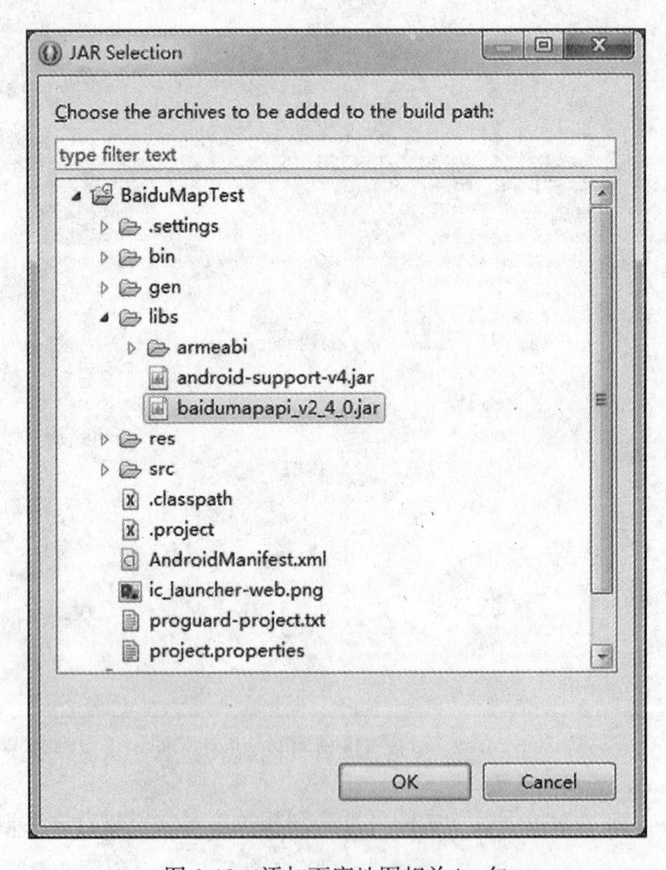

图 9-19　添加百度地图相关 jar 包

3）确认返回后，开发包已经添加到工程中，即可进行相关地图的操作，如图 9-20 所示。

由于百度地图需要根据用户要求下载相应的地图块，同样离线时，用户可能也需要其可用以简单的操作，那么相关的地图信息就要从 cache 中进行读写，因此，需要配置一些必要的权限，如下所示：

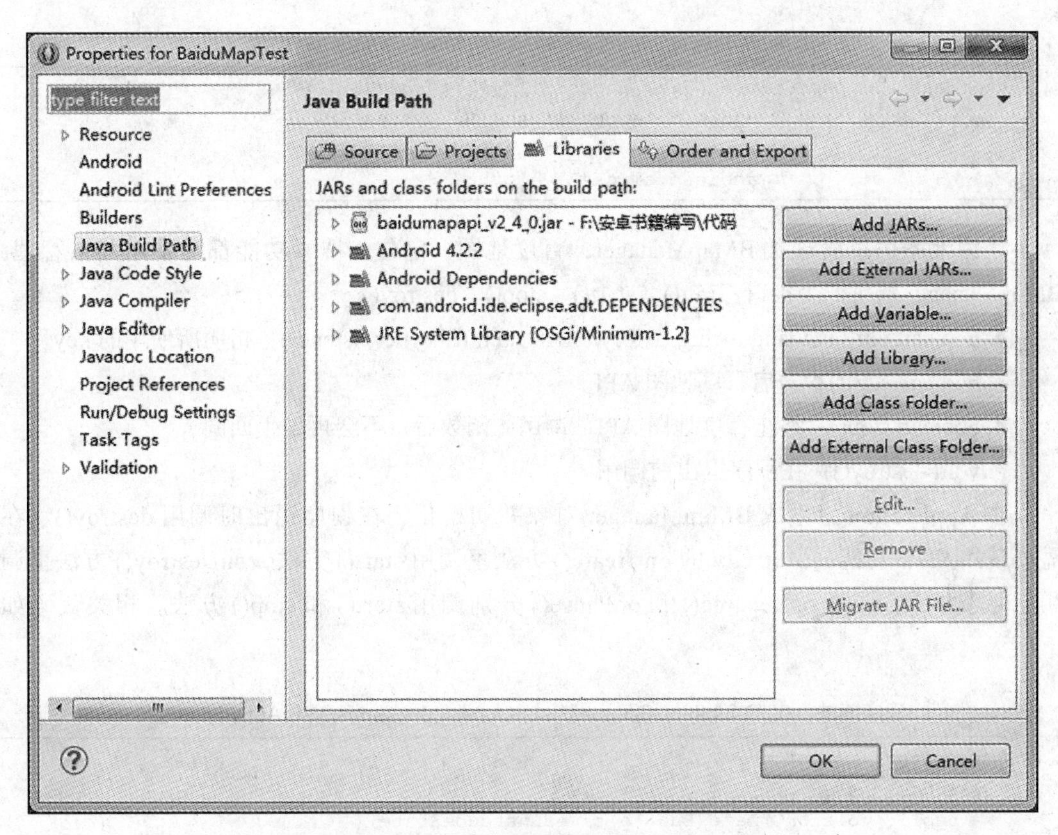

图 9-20 完成添加百度地图相关 jar 包结果图

程序清单：09/9.3/client/CourseMis/AndroidManifest.xml

```
<!-- 使用网络功能所需权限 -->
<uses-permission android:name="android.permission.ACCESS_NETWORK_STATE" >
</uses-permission>
<uses-permission android:name="android.permission.INTERNET" >
</uses-permission>
<uses-permission android:name="android.permission.ACCESS_WIFI_STATE" >
</uses-permission>
<uses-permission android:name="android.permission.CHANGE_WIFI_STATE" >
</uses-permission>
<!-- SDK 离线地图和 cache 功能需要读写外部存储器 -->
<uses-permission android:name="android.permission.WRITE_EXTERNAL_STORAGE" >
</uses-permission>
<uses-permission android:name="android.permission.WRITE_SETTINGS" >
</uses-permission>
<!-- 获取设置信息和详情页直接拨打电话需要以下权限 -->
<uses-permission android:name="android.permission.READ_PHONE_STATE" >
</uses-permission>
<uses-permission android:name="android.permission.CALL_PHONE" >
</uses-permission>
```

添加了相应的库并且配置了一定的权限后，就可以创建并使用地图的应用程序了。首先，要在显示地图的界面 MapActivity 上建立一个 MapView，用来显示有关的地图界面元素。修改相关的 activity_map.xml 文件，如下所示：

程序清单：09/9.3/client/CourseMis/res/layout/activity_map.xml

```
<com.baidu.mapapi.map.MapView android:id="@+id/bmapsView"
                    android:layout_width="fill_parent"
                    android:layout_height="fill_parent"
                    android:clickable="true" />
```

作为地图引擎管理类BMapManager，百度地图、定位、搜索功能都需要用其来管理，BMapManager 提供四个接口：init()、start()、stop()、destroy()。

- boolean init(java.lang.String strKey, MKGeneralListener listener)：指明所使用的 key。
- boolean start()：开启百度地图 API。
- boolean stop()：终止百度地图 API，调用此函数后，不会再发生回调。
- void destroy()：在程序退出前调用。

在 Application 里生成 BMapManager 对象并初始化，在程序退出时调用 destroy()，在需要使用 SDK 功能的 Activity 的 onCreate() 方法里调用 start() 方法，onDestroy() 方法里调用 stop() 方法，或者 onResume() 和 onPause() 分别调用 start() 和 stop() 方法。相关代码如下所示：

程序清单：09/9.3/client/CourseMis/src/com/coursemis/MapActivity.java

```
BMapManager mBMapMan = null;
@Override
    public void onCreate(Bundle savedInstanceState){
    super.onCreate(savedInstanceState);
    mBMapMan=new BMapManager(getApplication());
    mBMapMan.init("w8cWT6AqFG4NZKwemM4iWGeF", null);
    setContentView(R.layout.activity_map);
    mMapView=(MapView)findViewById(R.id.bmapsView);
}

@Override
protected void onDestroy(){
    mMapView.destroy();
    if(mBMapMan!=null){
        mBMapMan.destroy();
        mBMapMan=null;
    }
    super.onDestroy();
}

@Override
protected void onPause(){
    mMapView.onPause();
    if(mBMapMan!=null){
        mBMapMan.stop();
    }
    super.onPause();
}

@Override
```

```
    protected void onResume(){
        mMapView.onResume();
        if(mBMapMan!=null){
            mBMapMan.start();
        }
        super.onResume();
    }
```

9.3.3 配置和使用 MapView 显示地图

通过上一小节的学习，我们创建了一个基于百度地图的活动，但并没有看到地图的显示效果，那么，这里就来完成地图的相关显示工作。

MapView 是百度地图的显示者，包含了多个选项以显示地图。地图可以包含一个或多个图层，每个图层所在的级别都是由若干张地图块组成的。在默认情况下，MapView 显示的是街道地图，当然也可以根据用户的实际需求，选择显示交通图、卫星图、实景图，具体实现的代码如下所示：

程序清单：09/9.3/client/CourseMis/src/com/coursemis/MapActivity.java

```
mMapView.setTraffic(true);                    //交通图
mMapView.setSatellite(true);                  //卫星图
mMapView.setStreetView(true);                 //实景图
```

显示地图时，当被焦点选中时，它能捕获按键事件和触摸手势去平移和缩放地图：使用 setBuiltInZoomControls(boolean on) 方法即可启用内置的缩放控件，相关代码如下所示：

程序清单：09/9.3/client/CourseMis/src/com/coursemis/MapActivity.java

```
mMapView.setBuiltInZoomControls(true);
```

9.3.4 使用 MapController 缩放地图

目前，我们已经显示了地图界面，通常来说，地图都需要缩放以及平移的功能，以此查询更详尽的地理信息。

本节主要介绍使用移动和缩放的工具类 MapController 来控制 MapView，实现地图的缩放。设置是否启用内置的缩放控件 getController() 来返回地图的 MapController，相关代码如下所示：

程序清单：09/9.3/client/CourseMis/src/com/coursemis/MapActivity.java

```
MapController mMapController=mMapView.getController();
```

在安卓地图类中，地理位置被表示为 GeoPoint 对象。GeoPoint 表示一个地理坐标点，可将经纬度存放于内。该对象存入的经纬度以 microdegree 为单位，若要将经纬度转化为 microdegree 单位，只需将经纬度乘以 1E6 即可，相关代码如下所示：

程序清单：09/9.3/client/CourseMis/src/com/coursemis/MapActivity.java

```
GeoPoint point =new GeoPoint((int)(39.915* 1E6),(int)(116.404* 1E6));
```

使用 setCenter(GeoPoint point) 重新设置地图中心点 (会固定在这个点进行缩放)，如果不设置中心点则始终以屏幕的正中央进行缩放，如下所示：

程序清单：09/9.3/client/CourseMis/src/com/coursemis/MapActivity.java

```
mMapController.setCenter(point);            //设置地图中心点
mMapController.setZoom(12);                 //设置地图 zoom 级别
```

由于 setCenter 方法会重新设置中心点，为了可以平滑的过渡到该点，可利用 animateTo(GeoPoint point) 方法。

程序清单：09/9.3/client/CourseMis/src/com/coursemis/MapActivity.java

```
LocationData locData = new LocationData();

    locData.latitude = 30.236372;
    locData.longitude = 120.050494;
    locData.direction = 68.32508f;

mMapView.getController().animateTo(new GeoPoint((int)(locData.latitude*1e6),
    (int)(locData.longitude* 1e6)));
```

9.3.5 利用模拟器更新位置信息

现在，地图已经可以显示和缩放，但是因为 Android 模拟器本身是不能作为 GPS 的接收器的，因此无法得到 GPS 的有关信息，也就不能模拟相关的定位功能。为了克服这个问题，在 DDMS 工具中的 Emulator Control 面板可以模拟一个 GPS 信息。当我们运行模拟器时，便可以在 DDMS 工具中的 Emulator Control 面板中发送一个模拟的 GPS 信息，相关操作图如图 9-21 所示。

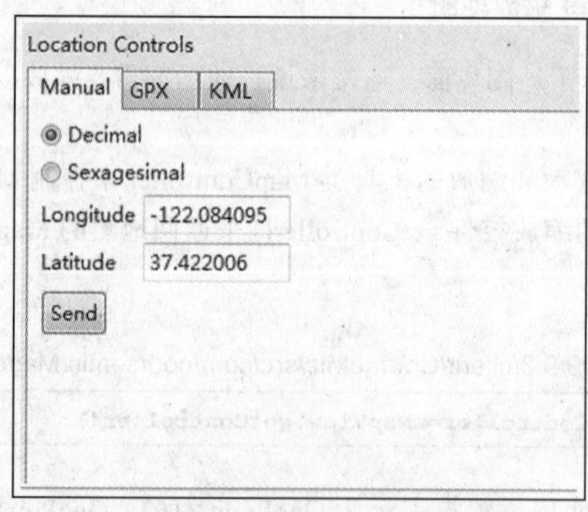

图 9-21 发送模拟 GPS 信息步骤图

再次单击百度地图图标，即可使用地图相关功能，效果图如图 9-22 所示。

图 9-22　百度地图启动步骤图

9.3.6　创建和使用覆盖 Overlay

这一小节主要介绍利用覆盖来显示用户位置。首先，来明确下覆盖的概念。所有叠加或覆盖到地图的内容，统称为地图覆盖物，如标注、矢量图形元素(包括折线、多边形和圆)以及定位图标等，其作用是可以为 MapView 添加注释或者处理方法。每一个覆盖物都可以被绘制到画布上，并且拥有自已的地理坐标，当拖动或缩放地图时，它们会相应的移动。

下面介绍覆盖的几种方法。

- Overlay：覆盖物的抽象基类，所有的覆盖物均继承此类的方法，实现用户自定义图层显示。
- MyLocationOverlay：一个负责显示用户当前位置的 Overlay。
- ItemizedOverlay：Overlay 的一个基类，包含了一个 OverlayItem 列表，相当于一组分条的 Overlay，通过继承此类，将一组兴趣点显示在地图上。
- PoiOverlay：本地搜索图层，提供某一特定地区的位置搜索服务，比如在北京市搜索“公园”，通过此图层将公园显示在地图上。
- RouteOverlay：步行、驾车导航线路图层，将步行、驾车出行方案的路线及关键点显示在地图上。
- TransitOverlay：公交换乘线路图层，将某一特定地区的公交出行方案的路线及换乘位置显示在地图上。

1. 创建新的覆盖

自定义类继承 Overlay，并重写其 draw() 方法，来绘制需要的注释，如果需要单击、按键、触摸等交互操作，还需 Override onTap() 等方法。

程序清单：09/9.3/client/CourseMis/src/com/coursemis/MapActivity.java

```
public class MyOverlay extends Overlay {

    @Override
    public void draw(Canvas canvas, MapView mMapView, boolean shadow) {

    }
}
```

2. 地图投影

我们知道，地球是一个椭圆球体，而电脑的显示屏是平的，若将球体的形状显示到电脑屏幕上，其坐标必须经过一定的转化，这个过程就被称为投影。

一般来说，使用百度地图需要了解以下坐标系的概念。

- 经纬度：通过经度（longitude）和纬度（latitude）描述的地球上的某个位置。
- 平面坐标：投影之后的坐标（用 x 和 y 描述），用于在平面上标识某个位置。

地图的投影是由 Projection 类来控制的，首先应该通过调用 getProjection() 方法获得一个投影实例，相关代码如下所示：

```
Projection projection = mMapView. getProjection();
```

由于在 draw() 方法中，投影可能会发生改变，所以使用投影前都尽可能去实例化。下面介绍一下地理坐标与像素坐标转换的方法。

- toPixels(GeoPoint geoPoint, Point point)：将地理坐标转化为像素坐标。
- fromPixels(point.x, point.y)：将像素坐标转化为地理坐标。

相关实现代码如下所示：

```
Point point = new Point();
Projection.toPixels(geoPoint, point);
Projection.fromPixels(point.x, point.y);
```

3. 绘制覆盖

重写 draw() 方法，将覆盖物绘制于画布上。如下给出了一个实例，在“水口汽车站”的位置上绘制一串字符。

程序清单：09/9.3/client/CourseMis/src/com/coursemis/MapActivity.java

```
GeoPoint geoPoint = new GeoPoint((int)( 30.236372 * 1E6),(int) (120.050494 * 1E6));
Paint paint = new Paint();

public void draw(Canvas canvas, MapView mapView, boolean shadow) {
    //在水口的位置绘制一个 String
    Point point = mMapView.getProjection().toPixels(geoPoint, null);
    canvas.drawText("欢迎", point.x, point.y, paint);
}
```

4. 添加地图处理方法

单击地图处理相应事件，需要重写 onTap() 方法，隐藏覆盖的相关代码如下所示：

程序清单：09/9.3/client/CourseMis/src/com/coursemis/MapActivity.java

```
public boolean onTap(GeoPoint pt,MapView mMapView) {
    if (pop != null){
                pop.hidePop();
                mMapView.removeView(button);
        }
        return false;
}
```

5. 添加或移除覆盖物

每一个目标 MapView 中都包含一个覆盖物列表，当我们需要添加或移除覆盖物时，首先应该去引用这个覆盖物列表，可利用下列方法获取覆盖物列表。

getOverlays()：获取当时地图控件中的已有图层。相关代码如下所示：

程序清单：09/9.3/client/CourseMis/src/com/coursemis/MapActivity.java

```
List<Overlay> overlays = mMapView. getOverlays();
```

获取到覆盖物列表后，可利用下列方法添加、删除以及清空覆盖。

- add(MyOverlay myOverlay)：在当前的地图控件中添加覆盖。
- remove(MyOverlay myOverlay)：在当前的地图控件中删除覆盖。
- clear()/removeAll()：清空当前的地图控件中的覆盖。

添加覆盖的相关代码如下所示：

程序清单：09/9.3/client/CourseMis/src/com/coursemis/MapActivity.java

```
mMapView.getOverlays().add(mOverlay);
mMapView.postInvalidate();
```

清空覆盖的相关代码如下所示：

程序清单：09/9.3/client/CourseMis/src/com/coursemis/MapActivity.java

```
public void clearOverlay(View view){
    mOverlay.removeAll();

    mMapView.removeView(button);
    mMapView.refresh();
    mResetBtn.setEnabled(true);
    mClearBtn.setEnabled(false);
}
```

refresh() 方法可刷新此地图控件。

9.3.7 MyLocationOverlay 显示用户位置和方向

MyLocationOverlay 是显示用户当前位置所设计出来的类，只可标记一个点。首先就要实例化 MyLocationOverlay 类，并将其传入应用程序上下文和 MapView，然后将其添加到 MapView 覆盖物列表中。

程序清单：09/9.3/client/CourseMis/src/com/coursemis/MapActivity.java

```
MyLocationOverlay myLocationOverlay = new MyLocationOverlay(mMapView);

myLocationOverlay.setData(locData);
mMapView.getOverlays().add(myLocationOverlay);
mMapView.refresh();
```

9.3.8 ItemizedOverlay 和 OverlayItem 的使用

OverlayItem 使用 ItemizedOverlay 类来向 MapActivity 提供标记功能，主要是将图片与文字分配到相应的地理位置，可以通过重写绘制方法、相应事件方法等完善标记的功能。

我们先来构造一个继承于 ItemizedOverlay 类的覆盖类，用于添加绘制方法、相应事件方法等，相关代码如下所示：

程序清单：09/9.3/client/CourseMis/src/com/coursemis/MapActivity.java

```
public class MyOverlay extends ItemizedOverlay{

    public MyOverlay(Drawable defaultMarker, MapView mapView) {
        super(defaultMarker, mapView);
    }

    @Override
    public boolean onTap(int index){
        OverlayItem item = getItem(index);
        mCurItem = item ;
        button.setText("您当前的位置");
        GeoPoint pt = new GeoPoint((int) (locData.latitude * 1E6),
                    (int) (locData.longitude * 1E6));
        System.out.print("事件触发");
        return true;
    }

    @Override
    public boolean onTap(GeoPoint pt , MapView mMapView){
        if (pop != null){
            pop.hidePop();
            mMapView.removeView(button);
        }
        return false;
    }
}
```

如果需要实现 ItemizedOverlay，需要先构造一个实例，并添加到 Overlay 列表中，继而对其进行图像文字的传递，最后进行添加或删除的操作，相关代码如下所示：

程序清单：09/9.3/client/CourseMis/src/com/ coursemis / MapActivity.java

```
private ArrayList<OverlayItem>  mItems = null;
/**
    * 保存所有 item，以便 overlay 在 reset 后重新添加
*/
```

```
mOverlay = new MyOverlay(getResources().getDrawable(R.drawable.nav_turn_via_1),mMapView);
mItems = new ArrayList<OverlayItem>();
mItems.addAll(mOverlay.getAllItem());
......
public void resetOverlay(View view){
    //重新 add overlay
    mOverlay.addItem(mItems);

    mMapView.refresh();
    mResetBtn.setEnabled(false);
    mClearBtn.setEnabled(true);
}
```

9.3.9 测试百度地图用户位置显示

这节需要测试百度地图用户位置的显示，首先在启动百度地图的方法里，输出一串字符，将这串字符放置启动地图之后。

程序清单：09/9.3/client/CourseMis/src/com/coursemis/TStartSignInActivity.java

```
public void button1_Click(View view) {
if(LocationData.latitude!=0.0||LocationData.longitude!=0.0)
    {
        //创建 Intent 对象
        Intent intent = new Intent(StudentMainActivity.this,MapActivity.class);
        intent.putExtra("latitude", LocationData.latitude);
        intent.putExtra("longitude", LocationData.longitude);
        intent.putExtra("radius", LocationData.radius);
        //启动活动
        startActivity(intent);
        //测试是否启动百度地图
        System.out.println("百度地图启动");
    }else {
        Toast.makeText(StudentMainActivity.this,"您还没有定位哦，无法获得您的位置信息哟。",
            Toast.LENGTH_SHORT).show();
    }
}
```

显示百度地图方法执行成功，输出“百度地图启动”的字符串，效果图如图 9-23 所示。

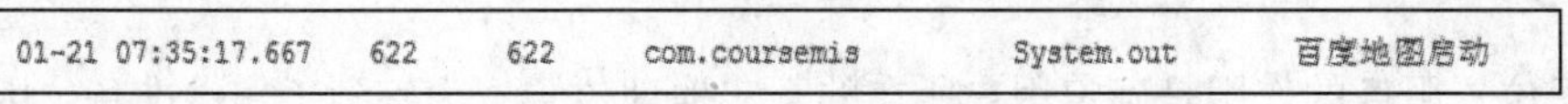

```
01-21 07:35:17.667    622    622    com.coursemis    System.out    百度地图启动
```

图 9-23　百度地图启动测试图

9.4 基于位置服务的用户位置签到

之前的两节都是对定位和签到服务做准备，这一节将详细讲解基于位置服务的相关知识，实现用户位置签到功能。

LBS(Location Based Services) 称为基于位置的服务，是指通过电信移动运营商的无线电通讯网络或外部定位方式，获取移动终端用户的位置信息，在 GIS 平台的支持下，为用户提供相应服务的一种增值业务。

它包括两层含义：

1）确定移动设备或用户所在的地理位置。

2）其次是提供与位置相关的各类信息服务。

近来，基于位置的服务也逐渐被用到各软件中，尤其是定位这块功能，当然其提供的服务也应用到人们的社交、休闲娱乐、生活服务中。本节介绍的是日常生活当中会使用到的签到功能：通过这类软件与商家合作，用户通过主动签到（Check-In）以记录自己所在的位置，获取一定奖励。本项目的位置签到实现的是学生签到的功能。

9.4.1 选择位置提供器

定位，是一门很高深的技术，但是对于 Android 开发应用程序而言，还是非常简便的。定位信息是通过 LocationProvider 对象得到的。首先来介绍如何获取 LocationProvider，有两种方法可以获得 LocationProvider ：通过名称获得指定的 LocationProvider，以及通过 Criteria 获得 LocationProvider。

（1）通过名称获得指定的 LocationProvider

getProvider(String name) 方法可以获取指定名称的 LocationProvider，获取方法如下所示：

程序清单：09/9.4/client/CourseMis/src/com/coursemis/TStartSignInActivity.java

```
currentLocation = manager.getLastKnownLocation(LocationManager.GPS_PROVIDER);
```

（2）通过 Criteria 获得 LocationProvider

同样，我们也可以通过 Criteria 从程序中获得符合条件的 LocationProvider，然后调用 getBestProvider(Criteria criteria, boolean enabledOnly) 方法来获取 LocationProvider，获取方法如下所示：

程序清单：09/9.4/client/CourseMis/src/com/coursemis/TStartSignInActivity.java

```
Criteria criteria = new Criteria();
best = manager.getBestProvider(criteria, true);
```

9.4.2 使用基于位置服务获得用户签到位置

基于位置服务的作用是确定用户所在的真实地理位置，为签到工作做准备。因此，眼下需要实现对基于位置服务的访问。首先，需要创建位置管理器 LocationManager。由于不能直接创建，需要通过调用 getSystemService() 方法来获取。相关核心代码如下所示：

程序清单：09/9.4/client/CourseMis/src/com/coursemis/TStartSignInActivity.java

```
private LocationManager manager;
//取得系统服务的 LocationManager 对象
manager = (LocationManager)getSystemService(LOCATION_SERVICE);
//检查是否有启用 GPS
if (!manager.isProviderEnabled(LocationManager.GPS_PROVIDER)) {
    //显示对话框启用 GPS
```

```
    AlertDialog.Builder builder = new AlertDialog.Builder(this);
    builder.setTitle("定位管理")
       .setMessage("GPS 目前状态是尚未启用.\n"
          +"请问你是否现在就设置启用 GPS?")
       .setPositiveButton("启用", new DialogInterface.OnClickListener() {
       @Override
       public void onClick(DialogInterface dialog, int which) {
       //使用 Intent 对象启动设置程序式来更改 GPS 设置
             Intent i = new Intent(Settings.ACTION_LOCATION_SOURCE_SETTINGS);
             startActivity(i);
         }
    })
    .setNegativeButton("不启用", null).create().show();
}
```

以上加粗的代码便是创建管理器的核心代码，接下来便是判断当前的 GPS 是否被启用。

建立好位置管理器后，需要建立几个 uses-permission 来支持对 LBS 硬件的访问，相关代码如下所示：

程序清单：09/9.4/client/CourseMis/AndroidManifest.xml

```
<!-- 使用定位功能所需权限,demo 已集成百度定位 SDK，不使用定位功能可去掉以下 6 项 -->
    <uses-permission android:name="android.permission.ACCESS_FINE_LOCATION" >
    </uses-permission>

    <permission android:name="android.permission.BAIDU_LOCATION_SERVICE" >
    </permission>

    <uses-permission android:name="android.permission.BAIDU_LOCATION_SERVICE" >
    </uses-permission>
    <uses-permission android:name="android.permission.ACCESS_COARSE_LOCATION" >
    </uses-permission>
    <uses-permission android:name="android.permission.ACCESS_MOCK_LOCATION" >
    </uses-permission>
    <uses-permission android:name="android.permission.ACCESS_GPS" />
```

最后可以通过 getLastKnownLocation(String name) 方法传递位置提供器的名称，来查找由这个位置提供器确定的最后一个位置，相关代码如下所示：

程序清单：09/9.4/client/CourseMis/src/com/coursemis/TStartSignInActivity.java

```
protected void onResume() {
        super.onResume();
        //取得最佳的定位提供者
        Criteria criteria = new Criteria();
        best = manager.getBestProvider(criteria, true);
        //更新位置频率的条件
        int minTime = 5000;                //毫秒
        float minDistance = 5;             //公尺
        if (best != null) {                //取得最后位置，如果有的话
           currentLocation = manager.getLastKnownLocation(best);
           manager.requestLocationUpdates(best, minTime,
                               minDistance, listener);
        }
```

```
        else { //取得最后位置，如果有的话
            currentLocation = manager.getLastKnownLocation(LocationManager.GPS_PROVIDER);
            manager.requestLocationUpdates(LocationManager.GPS_PROVIDER,
                    minTime, minDistance, listener);
        }
        updatePosition();                    //更新位置
    }
```

返回的 currentLocation 包括了提供器可以提供的所有位置信息，尤其是本例中需要的经度和纬度，还有海拔、方向等位置信息，可以通过对 currentLocation 对象调用 get() 方法获取这些信息。

9.4.3 确认用户签到信息

以上我们已经可以定位到用户的实际地理位置，本节我们来介绍如何确认判断用户签到信息，这些信息如何被传递。

首先，获取教师当前定位的信息，通过对 location 对象调用 get() 方法获取这些信息。

程序清单：09/9.4/client/CourseMis/src/com/coursemis/TStartSignInActivity.java

```
//取得定位信息
public String getLocationInfo(Location location) {
        StringBuffer str = new StringBuffer();
        //获得定位提供者
        str.append("定位提供者 (Provider): "+location.getProvider());
        //获得用户所在纬度
        str.append("\n纬度 (Latitude): " + Double.toString(location.getLatitude()));
        //获得用户所在经度
        str.append("\n经度 (Longitude): " + Double.toString(location.getLongitude()));
        //获得用户所在高度
        str.append("\n高度 (Altitude): " + Double.toString(location.getAltitude()));
        latitude = Double.toString(location.getLatitude())+"";
        longitude=Double.toString(location.getLongitude())+"";
        return str.toString();
}
```

以上加粗的代码即是获取定位信息的核心代码，对 location 对象调用 getProvider() 方法获取定位提供者、调用 getLatitude() 方法获得用户所在纬度、调用 getLongitude() 方法获得用户所在经度，以及调用 getAltitude() 方法获得用户所在高度。

教师填写好相关的签到设置，继而开启签到，将获取到的教师所在经纬度传到服务器。

程序清单：09/9.4/client/CourseMis/src/com/coursemis/TStartSignInActivity.java

```
btn_2.setOnClickListener(new OnClickListener() {
    @Override
    public void onClick(View arg0) {
        //TODO Auto-generated method stub
        if(courseInfo==null||courseWeek==null||courseTime==null||
            (signInHour==0&&signInMinute==0)||latitude==null||longitude==null  )
        {
            Toast.makeText(TStartSignInActivity.this,"签到信息没有设置完整!",
                Toast.LENGTH_SHORT).show();
        }else {
```

```
            RequestParams params = new RequestParams();
            params.put("cid", courseInfo.substring(0, courseInfo.indexOf(" ")));
            params.put("signInHour", signInHour+"");
            params.put("signInMinute", signInMinute+"");
            params.put("latitude", latitude);
            params.put("longitude", longitude);
            client.post(HttpUtil.server_teacher_SignIn, params,
                new JsonHttpResponseHandler() {
                @Override
                public void onSuccess(int arg0, JSONObject arg1) {
                }
            });

            Toast.makeText(TStartSignInActivity.this,"签到已经开启",
                Toast.LENGTH_SHORT).show();
            finish();
        }
    }
});
```

教师开启签到后，学生方可签到，继而学生所在的经纬度也传入服务器，在服务器里进行判断，以教师所在区域方圆 30 米为限，学生的经纬度在此区域则签到成功，不在这一区域，则签到失败。

程序清单：09/9.4/client/CourseMis/src/com/coursemis/StudentMainActivity.java

```
RequestParams params = new RequestParams();
for(int i = 0;i<list.size();i++)
{
    params.put(i+"", list.get(i));
}
params.put("size",list.size()+"");
params.put("latitude",latitude);
params.put("longitude",longitude);
client.post(HttpUtil.server_student_SignInComfirm, params, new JsonHttpResponseHandler(){
    @Override
    public void onSuccess(int arg0, JSONObject arg1) {
        JSONObject object = arg1.optJSONObject("result");
        String success = object.optString("success");
        if(success=="您没有在课堂附近签到"){
            Toast.makeText(StudentMainActivity.this,"您没有在课堂附近签到!",
                Toast.LENGTH_SHORT).show();
        }else{
            if(success!=null)
            {
                Toast.makeText(StudentMainActivity.this,"签到成功!",
                    Toast.LENGTH_SHORT).show();
            }else{
                Toast.makeText(StudentMainActivity.this,"签到失败!",
                    Toast.LENGTH_SHORT).show();
            }
        }
        super.onSuccess(arg0, arg1);
    }
});
```

9.4.4 测试用户位置签到的位置服务

为了测试用户位置，在获取教师定位信息结束时，以字符串形式输出该定位信息，相关代码如下所示：

程序清单：09/9.4/client/CourseMis/src/com/coursemis/TStartSignInActivity.java

```
public String getLocationInfo(Location location) {
        StringBuffer str = new StringBuffer();
        str.append("定位提供者 (Provider): "+location.getProvider());
        str.append("\n 纬度 (Latitude): " + Double.toString(location.getLatitude()));
        str.append("\n 经度 (Longitude): " + Double.toString(location.getLongitude()));
        str.append("\n 高度 (Altitude): " + Double.toString(location.getAltitude()));
        latitude = Double.toString(location.getLatitude())+"";
        longitude=Double.toString(location.getLongitude())+"";
        //输出定位信息，测试定位是否成功
        System.out.println(str);
        return str.toString();
}
```

确定用户位置方法执行成功，输出定位相关信息的字符串，效果图如图9-24所示。

```
I   01-21 08:40:13.057   957   957   com.coursemis   System.out   定位提供者(Provider): gps
I   01-21 08:40:13.057   957   957   com.coursemis   System.out   纬度(Latitude): 37.422005
I   01-21 08:40:13.057   957   957   com.coursemis   System.out   经度(Longitude): -122.084095
I   01-21 08:40:13.057   957   957   com.coursemis   System.out   高度(Altitude): 0.0
```

图9-24 用户签到位置测试图

扩展练习

1. 如何让我的地图自动定位？
2. 简述百度API定位功能的注意事项及不足。
3. 用代码实现在百度地图显示坐标和地址。
4. 尝试编写一个程序，显示出自己及周围“ATM”机的地理位置。

第 10 章　作业与资源管理

在这一章，我们将介绍作业资源和其他多媒体资源的管理，实现的功能主要有拍照、拍摄视频以及这些多媒体文件的上传（上传到网络服务器），同时实现从网络服务器上对资源进行下载以及下载后的播放。

学习重点

- Camera 设备的使用：拍照和拍摄视频
- ContentProvider 实现对文件的查看
- 本地文件的网络共享
- 网络资源下载管理

10.1　功能分析和设计

在课程管理系统中，作业管理和资源共享是很重要的一部分，如果教师课程管理是课程开始前的主要任务，课程点到是课程进行时的重要组成部分，那么作业与资源管理就是课后该有的功能。课程结束后，师生间需要进行资源的交互，教师需对学生发布课堂作业，学生则需完成并上交作业，由于高校走班式上课形式使作业收交的执行变得复杂。针对这一需求，本系统中设计了作业管理模块，实现课堂后师生间的作业在线发布、提交等功能。

另一方面，多媒体教学方式成为高校教育主要教学模式，媒体资源成为了教育的主要参考资料。媒体资源的共享问题也一直困扰着我们，基于实现课堂媒体资源上传下载的需求，我们提出了媒体资源共享模块。师生可以使用 Android 手机在软件中对课堂资源（如课堂图片、视频、音频等多媒体资源）进行管理。图 10-1 为我们根据高校课后需求而设计的资源管理功能的详细功能结构图。

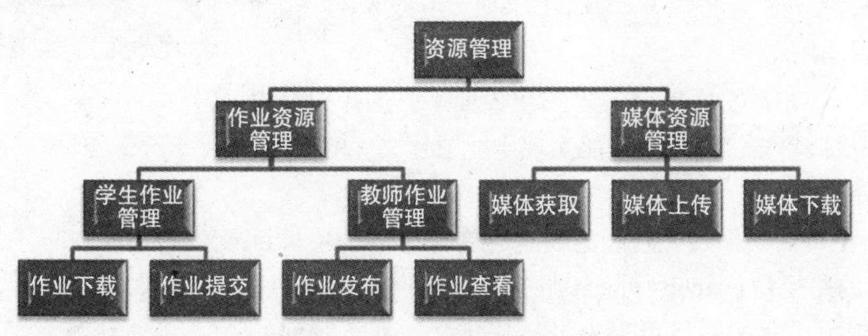

图 10-1　资源管理模块功能结构图

10.1.1　作业管理的实现

作业管理主要实现课堂作业资源的管理。教师可以对某一课堂进行作业发布、查看以及评分；而学生能够查看作业情况、下载课堂作业并提交作业资源以便教师批阅。作业的管理是对作业手机化的实现，可以通过手机直接完成课堂作业，便捷高效。

作业管理实现了课后课堂作业的远程化交互，根据用户角色的不同，可以分为教师作业管理和学生作业管理。由于本系统是基于 Android 手机来实现，为方便系统操作，我们将作业以图片的形式进行管理。

1）教师作业管理：教师选择某一具体课堂，通过拍照或选择本地图片的方式将作业图片上传至服务器相应文件夹，进行作业发布。

①教师登录系统，进入教师主界面，如图 10-2 所示。

②教师登录系统后，单击“作业管理”后，进入作业管理界面。如图 10-3 所示，这里就是作业管理界面，在这里教师可以选择是“上传”、“下载”和“查看学生作业”。

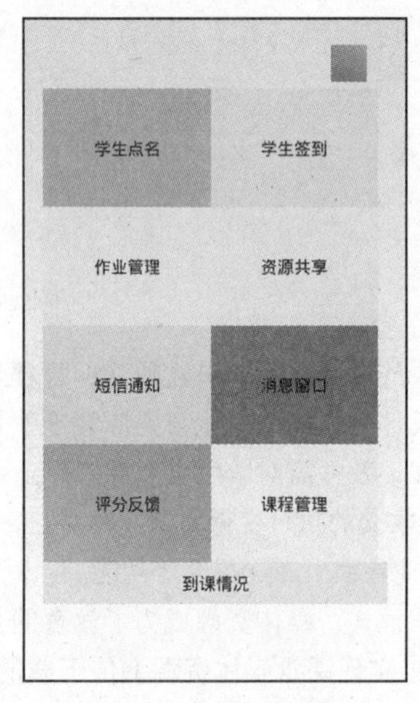

图 10-2　教师登录界面

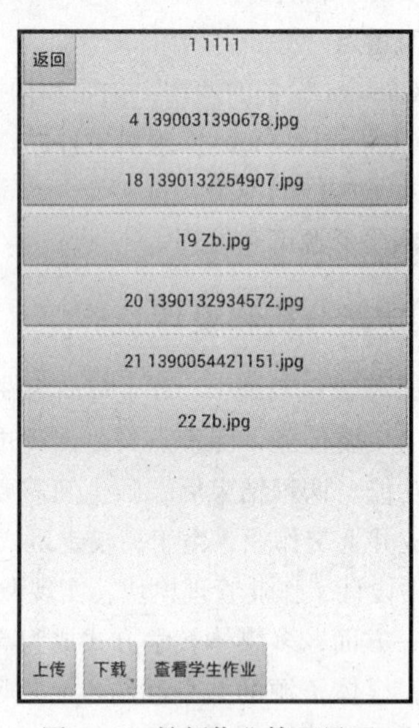

图 10-3　教师作业管理界面

③单击“上传”后进入拍照上传或者本地上传的界面，用户可以选择“拍照”上传或者本地上传（即“上传图片”），如图 10-4 所示。

④当单击“拍照”之后就进入拍照界面了，选择拍照内容，拍照完成后单击“上传”就能实现作业图片文件的上传，如图 10-5 所示。

⑤对于上传后的图片文件，它将保存在服务器的项目目录下（这里的路径是 apache-tomcat 服务器下面的 webapps 文件夹下），因为保存的路径可以由自己来定义，那么我们就将目录定位在这里，在这里新建一个 teacherHomeWork 文件夹，用来保存老师上传的作业图片。

2）学生作业管理：

①学生的作业管理与教师类似，同样也是作业图片的上传，只是这里指学生完成的作业。其中，学生只能查看教师发

图 10-4　上传界面

布的作业内容和自己的上传资源。对于作业图片的下载，学生登录系统进入“作业管理”后的界面如图 10-6 所示。

②在这个界面，学生只要单击他所需要交的那门课，就会出来该门课的作业，如图 10-7 所示。

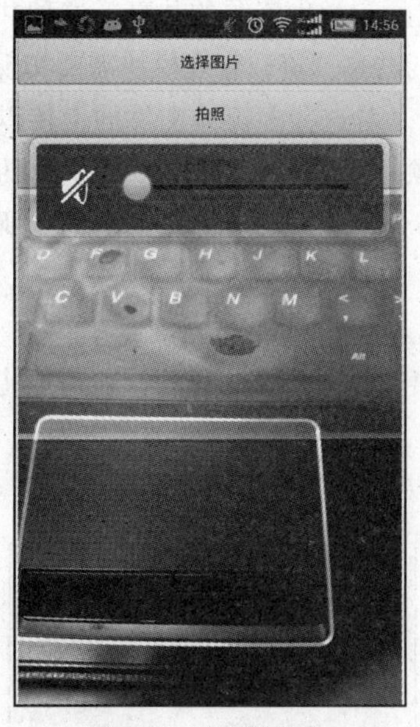

图 10-5 拍照界面

图 10-6 学生作业管理界面

③这个界面能显示学生的作业是否已交，如果未交，那么可以对其进行单击下载，这样作业就能够下载到自己的手机里并存放在手机 SD 卡中相关项目的目录下。学生在完成作业之后，可以对该门课的作业进行上交，单击未交的那门课，出来跟教师一样的上传图片界面，如图 10-8 所示。

图 10-7 学生作业情况界面

图 10-8 学生上传作业界面

④学生上传图片的过程跟教师上传作业图片一样，只是将学生的作业放在 studentHomeWork 文件夹下，路径也跟教师的作业上传一致，放在服务器的项目目录下。

10.1.2　资源共享的实现

资源共享是这个系统很重要的一部分，它实现了教师和学生资源的共享，这种共享不再局限于个别学生之间，而是真正能够实现全体同学之间的共享。资源管理模块需要实现的功能有调用摄像头实现视频的拍摄、对教师上课内容的录音、对这些多媒体文件的上传以实现共享，还有用户对这些多媒体文件的下载和查看。对于音频文件，这里还需要实现它们的播放。

在这个模块中，就学生和教师具体的身份就不再细分，这里的资源是共享的，所以教师和学生登录后的界面都一样。

①用户登录系统，进入教师主界面，如图 10-9 所示。

②在用户登录系统之后，单击“资源共享”，就会出现资源共享的界面，在这里将显示学生和教师共享的资源，如图 10-10 所示。

③用户单击“上传”之后，会出现选择上传文件的界面，如图 10-11 所示。

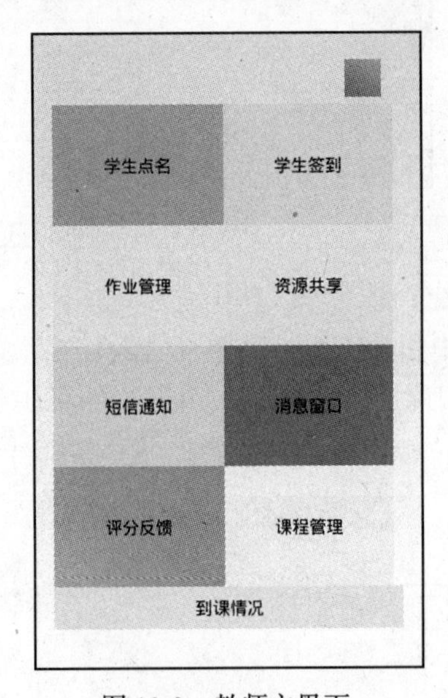

图 10-9　教师主界面

图 10-10　资源共享界面

④用户选择完文件后，单击“上传”即可实现上传。

对于下载，用户只需要针对他所需要的资源进行下载即可，同样播放也如此，只要针对那个已经下载的文件进行播放即可。对于这两个功能，这里没有额外的相关界面。

对于音频的录制和上传，在这里单击“录音上传”之后，进入音频录制界面，选择“开始录音”即可开始录音，选择“停止录音”停止录制音频，如图 10-12 所示。视频的录制与音频类似，这里不再叙述。

⑤在你录制完音频或者视频之后，跟作业管理一样，用户可以选择该内容进行上传，对于这些资源共享中的资源，该系统同样将这些文件放在服务器下面的 webapps 文件夹下，在这里新建 mediaShared 文件夹，以后上传的共享文件都将放在这里。

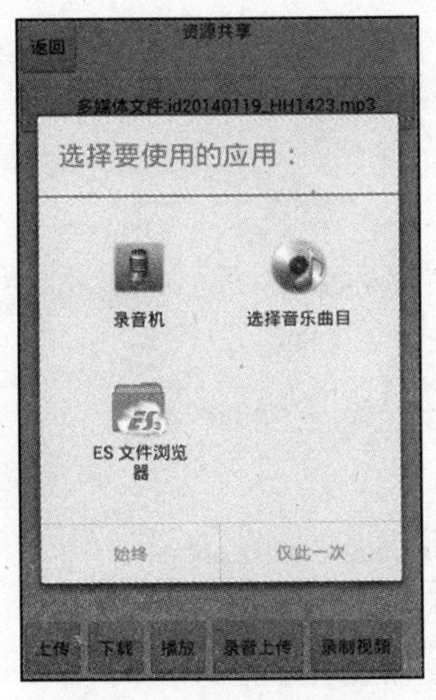

图 10-11　上传文件界面

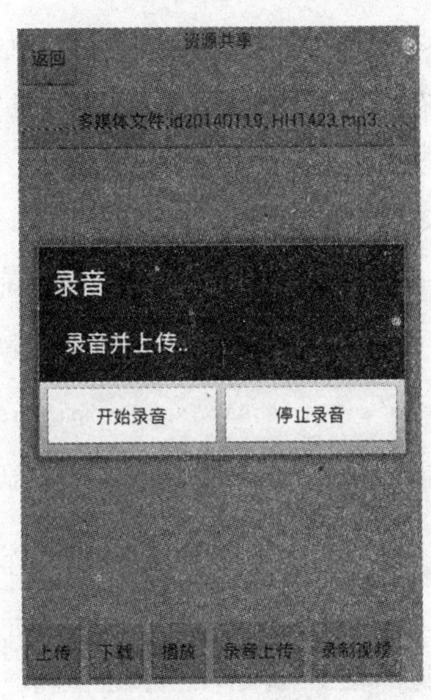

图 10-12　录音界面

10.2　Camera 设备的使用

在作业管理模块中，需要有拍摄照片的功能；而在资源管理模块，则需要实现视频拍摄的功能。那么这里肯定就需要用到 Android 实现的 Camera 功能，Camera 是 Android framework 里面支持的、允许拍照和拍摄视频的设备。这一节将会讨论如何为用户提供快速、简单的图片和视频拍摄方法。

由于 Android 提供了强大的组件功能，为此对于在 Android 手机系统上进行 Camera 的开发，我们可以使用两类方法。

1）借助 Intent 和 MediaStore 调用系统 Camera App 程序来实现拍照和摄像功能。

2）根据 Camera API 自写 Camera 程序。

由于自写 Camera 需要对 Camera API 了解很充分，而且对于通用的拍照和摄像应用只需要借助系统 Camera App 程序就能满足要求了，为此这里采用调用系统 Camera App 程序来实现 Android Camera 功能。

MediaStore 这个类是 Android 系统提供的一个多媒体数据库，Android 中多媒体信息都可以从这里提取。这个 MediaStore 包括了多媒体数据库的所有信息，包括音频、视频和图像。Android 把所有的多媒体数据库接口进行了封装，所有的数据库不用自己进行创建，直接利用 ContentResolver 去调用那些封装好的接口就可以进行数据库的操作。

10.2.1　使用 Camera 拍摄照片

1. 在 AndroidMainfest.xml 中声明使用照相机

在实现拍照程序之前，必须要在 AndroidMainfest.xml 文件中申明要使用照相机，这里有三个步骤，如下所示。

- Camera 权限：你必须在 AndroidMainfest.xml 中声明使用照相机的权限，例如

```
<uses-permission android:name="android.permission.CAMERA" />
```

- 存储权限：如果你的程序想在扩展存储设备上（如 SD 卡）存储你的照片或者拍摄的视频，那么必须声明如下权限：

```
<uses-permissionandroid:name="android.permission.WRITE_EXTERNAL_STORAGE" />
```

- 音频录制权限：为了录制音频或者视频，你必须在 AndroidMainfest.xml 文件中设置如下权限：

```
<uses-permission android:name="android.permission.RECORD_AUDIO" />
```

具体 AndroidMainfest.xml 中的代码如下面所示：

程序清单：10/10.2/client/CourseMis/AndroidMainfest.xml

```
<uses-permission
    android:name="android.permission.WRITE_EXTERNAL_STORAGE" />
<uses-permission android:name="android.permission.RECORD_AUDIO" >
</uses-permission>
<uses-permission android:name="android.permission.CAMERA" />
```

2. 使用系统 Camera 程序

这是一种可以让你的程序以最少的编码快速使用照相机的方法，它通过一个 Intent 来调用系统的 Camera 程序。一个 Camera 的 Intent 可以发起一个请求，来让系统的 Camera 应用程序去拍摄照片，而且可以返回拍摄的结果给你自己的应用程序，下面是实现的三个步骤。

- 构造一个 Camera Intent：创建一个拍摄照片的 Intent，我们可以使用方法 MediaStore.ACTION_IMAGE_CAPTURE，即一个 Intent action 用来向系统 Camera 程序请求拍摄图片。
- 开启 Camera Intent：通过调用 startActivityForResult() 来执行 Camera Intent，在你调用这个方法之后，系统 Camera 程序就出现在用户界面，然后用户就可以拍摄照片了。
- 接收 Intent 结果：在你的应用程序里面建立一个 onActivityResult() 方法来接收来自系统 Camera 程序的执行结果。当用户拍摄了照片（或者取消了拍摄操作），系统就会调用这个方法。

首先声明，这一小节实现的用户都是学生，因为教师和学生实现都一样，所以这里就只做学生用户的实现。

下面是具体的 Camera 程序实现，因为拍照功能是在“上传”功能之后的，就是当用户单击“上传”之后，会有选择是直接本地上传还是即时拍照上传，对于即时拍照上传就需要用到拍照的功能，这里的界面如图 10-5 所示，所以我们首先要新建一个 activity_homework_course_csubmit_info.xml 文件，在该 xml 文件中对 Button 加入 onClick 事件，如下面代码所示：

程序清单：10/10.2/client/CourseMis/res/layout/activity_homework_course_csubmit_info.xml

```
<Button
android:id="@+id/homeworkcoursesubmitInfo_info__upload"
android:layout_width="wrap_content"
android:layout_height="wrap_content"
```

```
    android:text="上传"
    android:onClick="ButtonOnclick_homeworkmanagecourseselect_info__upload" />
```

要跟这个 xml 文件相关联，我们要新建一个 HomeworkCourseCSubmitInfoActivity 类，在里面定义 ButtonOnclick_homeworkmanagecourseselect_info__upload 方法（该方法是用来实现上传图片的，上传的内容这里不作介绍，放在后面详细介绍）。如下面代码所示：

程序清单：10/10.2/client/CourseMis/src/com/coursemis/HomeworkCourseCSubmitInfoActivity.java

```
public void ButtonOnclick_homeworkmanagecourseselect_info__upload(View view)
    {
    if(homework==null)
    {

        Toast.makeText(HomeworkCourseCSubmitInfoActivity.this, "您还没有选择哪份作业",
            Toast.LENGTH_SHORT).show();
    }else
    {
        String temp = homework.substring(homework.indexOf("_"),homework.length());
        if(temp.equals("_已交"))
        {
        Toast.makeText(HomeworkCourseCSubmitInfoActivity.this, "这份作业您已经提交，
            不能重复提交", Toast.LENGTH_SHORT).show();
        }else
        {
            SharedPreferences  sharedata=getSharedPreferences("courseMis", 0);
            int sid = Integer.parseInt(sharedata.getString("userID",null));

            String smid = homework.substring(0,homework.indexOf("_"));
            Intent intent2  = new Intent(HomeworkCourseCSubmitInfoActivity.this,
                StudentHMUploadActivity.class);
            intent2.putExtra("smid", smid);
            intent2.putExtra("sid", sid+"");
            startActivity(intent2);
        }
    }
    }
```

上述代码中的 sharedata 主要是用来获得用户 id，确定是哪一个用户拍的照。当用户单击“上传”之后，程序会跳转到另一个 intent，所以我们要新建一个类，定义为 StudentHMUploadActivity.java，在该文件中定义具体的函数，这里包括了“选择图片”、“拍照”、“上传图片”等功能，那么我们首先要在 xml 文件定义这三个方法。如下面代码所示：

程序清单：10/10.2/client/CourseMis/res/layout/activity_student_hmupload.xml

```
<Button
android:layout_width="fill_parent"
android:layout_height="wrap_content"
android:text="选择图片"
android:id="@+id/selectImage"
/>
<Button
android:layout_width="fill_parent"
android:layout_height="wrap_content"
```

```
android:text="拍照 "
android:id="@+id/takeImage"
/>
<Button
android:layout_width="fill_parent"
android:layout_height="wrap_content"
android:text="上传图片 "
android:id="@+id/uploadImage"
/>
```

定义完xml文件之后，接下来就要实现刚才新建的StudentHMUploadActivity.java类，因为是相对应的，包含了上述xml文件中的三个方法。如下面代码所示：

程序清单：10/10.2/client/CourseMis/com/ImageManage/StudentHMUploadActivity.java

```
public void onClick(View v) {
    switch (v.getId()) {
    case R.id.selectImage2:
        Intent intent = new Intent();    //intent 可以过滤图片文件或其他的
        intent.setType("image/*");
        intent.setAction(Intent.ACTION_GET_CONTENT);
        startActivityForResult(intent, 22);
        break;
    case R.id.takeImage2:
        Intent intent2 = new Intent(getApplicationContext(),
                TakePhotoActivity.class);
        startActivityForResult(intent2, 23);
        //这里是上传图片的单击，上传不了
        break;
    case R.id.uploadImage2:
        if(imagePath!=null)
        {
        File file = new File(imagePath);
        uploadFile(file);
        finish();
        }else
        {
            Toast.makeText(StudentHMUploadActivity.this,
                    "你没有选择任何图片！", Toast.LENGTH_SHORT).show();
        }
        break;
    default:
        break;
    }//onclick 结束
    }//oncreate 结束
```

在case R.id.takeImage2中，定义了拍照的功能，这就是我们这里所要介绍的拍照实现。

上述代码中，程序将跳转到TakePhotoActivity类，所以我们要定义这个TakePhotoActivity类，在这个类中真正实现拍照功能，同样，编写这个类之前，首先新建一个xml文件，命名为activity_image.xml，它通过id实例化出来一个button，然后通过设置button的listener监听对象，并同时实现接口OnClickListenter的OnClick()方法，在activity_image.xml中给出了不同动作的 id，如下面代码所示：

程序清单：10/10.2/client/CourseMis/res/layout/select_pic_layout.xml

```
<Button
    android:id="@+id/btn_take_photo"
    android:layout_width="fill_parent"
    android:layout_height="wrap_content"
    android:layout_marginLeft="20dip"
    android:layout_marginRight="20dip"
    android:layout_marginTop="20dip"
    android:background="@drawable/btn_style_alert_dialog_button"
    android:text="拍照"
    android:textStyle="bold" />
<Button
    android:id="@+id/btn_cancel"
    android:layout_width="fill_parent"
    android:layout_height="wrap_content"
    android:layout_marginBottom="15dip"
    android:layout_marginLeft="20dip"
    android:layout_marginRight="20dip"
    android:layout_marginTop="15dip"
    android:background="@drawable/btn_style_alert_dialog_cancel"
    android:text="取消"
    android:textColor="#ffffff"
    android:textStyle="bold" />
```

定义完 xml 文件之后，就该真正实现拍照的功能了，新建 ImageActivity.java 类，实现里面的 takePhoto() 方法，即具体的拍照实现，为 takePhoto() 方法中添加如下代码。

程序清单：10/10.2/client/CourseMis/src/com/ImageManage/TakePhotoActivity.java

```
String SDState = Environment.getExternalStorageState();//获得SD卡的状态
if(SDState.equals(Environment.MEDIA_MOUNTED))//判断SD卡是否存在
{
    ... ...
}else{
    Toast.makeText(this,"内存卡不存在", Toast.LENGTH_LONG).show();
        }
```

如果我们想要读取或者向 SD 卡写入，这时就必须先要判断 SD 卡的状态，否则有可能出错。只有在 SD 卡状态为 MEDIA_MOUNTED 时，/mnt/sdcard 目录才是可读可写，并且可以创建目录及文件，所以我们读取 SD 卡时一般会像上述代码那样写。

上述中省略的部分就是通过 Camera 来拍摄的具体实现，如下面代码所示：

程序清单：10/10.2/client/CourseMis/src/com/ImageManage/TakePhotoActivity.java

```
1 Intent intent = new Intent(MediaStore.ACTION_IMAGE_CAPTURE);
2 ContentValues values = new ContentValues();
3 photoUri = this.getContentResolver().insert(MediaStore.Images.
    Media.EXTERNAL_CONTENT_URI, values);
4 intent.putExtra(android.provider.MediaStore.EXTRA_OUTPUT, photoUri);
    //准备intent，并指定新照片的文件名(photoUri)
5 startActivityForResult(intent, 1);////启动拍照的窗体。并注册回调处理
```

上述代码第1行定义了一个intent，MediaStore.ACTION_IMAGE_CAPTURE或MediaStore.ACTION_VIDEO_CAPTURE类型的intent动作被用于不直接使用Camera对象来拍照或录像，它调用系统Camera App程序来实现拍照和摄像功能。第2行代码定义了一个ContentValues类型的键－值对对象values，它用于数据库的存储，ContentValues只能存储基本类型的数据，(如string、int)，不能存储对象。第3行代码定义了一个全局变量photoUri，首先向MediaStore.Images.Media.EXTERNAL_CONTENT_URI执行一个插入，目的是获取系统返回的一个标识id，getContentResolver方法是用来获得实例的，ContentResolver实例带的方法可实现找到指定的ContentProvider并获取到ContentProvider的数据。第4行代码的意思是显示匹配photoUri条件的Activity，photoUri是用来存储所请求的图像或视频的名字的，在完成拍照后，新的照片会以此处的photoUri命名，其实就是指定了文件名。第5行的作用就是准备intent，并指定新照片的文件名（photoUri)，启动拍照的窗体，并注册回调处理。

回调函数接收来自系统Camera程序的执行结果。不管用户是执行拍照功能，或者是取消拍摄操作，系统都会调用这个方法。下面是这个onActivityResult方法的具体实现：

程序清单：10/10.2/client/CourseMis/src/com/ImageManage/TakePhotoActivity.java

```
protected void onActivityResult(int requestCode, int resultCode, Intent data) {
    //这里的三个参数都没用，没有跳再新的页面传值回来
    if(resultCode == Activity.RESULT_OK&&requestCode==1)
        //&& 的后面可有可无，因为只有一个返回结果，若多个就可用 switch case 判断一下
    {
        String[] pojo = {MediaStore.Images.Media.DATA};
        Cursor cursor = managedQuery(photoUri, pojo, null, null,null);
          //Uri和图片数据得到picPath
        if(cursor != null ){
            int columnIndex = cursor.getColumnIndexOrThrow(pojo[0]);
            cursor.moveToFirst();
            picPath = cursor.getString(columnIndex);
            cursor.close();
        }
        Log.i("SelectPicActivity---------------", "imagePath = "+picPath);
        if(picPath !=null){
            Intent lastIntent = getIntent();    //上面 putExtra 这里 getIntent
            lastIntent.putExtra("photo_path", picPath);
                setResult(Activity.RESULT_OK, lastIntent);
            finish();
        }else{
            Toast.makeText(this, "选择文件不正确！", Toast.LENGTH_LONG).show();
        }
    }
    super.onActivityResult(requestCode, resultCode, data);
        }
```

至此，用户拍摄就已经完成了。

10.2.2 使用Camera拍摄视频

视频录制跟拍照功能类似，这里简单介绍视频录制的实现，视频拍摄包括以下几个步骤。

1）构建一个摄像头Intent，用MediaStore.ACTION_VIDEO_CAPTURE创建一个请求图

像或视频的 Intent。

2）启动摄像头 Intent，用 startActivityForResult() 方法执行摄像头 intent。启动完毕后摄像头应用的用户界面就会显示在屏幕上，用户就可以拍照或摄像了。

3）接收 Intent 结果，在应用程序中设置 onActivityResult() 方法，用于接收从摄像头 intent 返回的数据。当用户拍摄完毕后（或者取消操作），系统会调用此方法。

下面介绍视频拍摄的具体实现，首先在 activity_upload_audio.xml 文件中对 Button 加入如下代码：

程序清单：10/10.2/client/CourseMis/res/layout/activity_upload_audio.xml

```
<Button
    android:layout_width="wrap_content"
    android:layout_height="wrap_content"
    android:text="录制视频"
    android:onClick="ButtonOnclick_Luzhishipin"
    />
```

然后新建一个 UploadAudioActivity.java 类，在该类中实现资源的上传、下载、播放、录音上传和录制视频，这里只介绍录制视频，对视频录制添加具体的实现，如下面代码所示：

程序清单：10/10.2/client/CourseMis/src/com/upload/UploadAudioActivity.java

```
public void ButtonOnclick_Luzhishipin(View view)
{

    Intent intent = new Intent(UploadAudioActivity.this,AudioUpload
        OperationActivity.class);

    startActivity(intent);
}
```

使用 startActivity() 方法来执行相机 intent，在启动 intent 后，相机应用的界面会出现在设备屏幕上，之后用户就可以用它来录制视频。相应地，程序将会跳转到另外的一个类，所以这里我们要新建一个 AudioUploadOperationActivity.java 文件，如下面代码所示：

程序清单：10/10.2/client/CourseMis/src/com/upload/AudioUploadOperation Activity.java

```
protected void onCreate(Bundle savedInstanceState) {
    super.onCreate(savedInstanceState);
    setContentView(R.layout.activity_audio_upload_operation);
    iv = (ImageView) findViewById(R.id.audiouploadoperationactivity_iv);
}
```

因为录制视频功能实现的时候，也有“播放视频”和“上传视频”的实现，所以我们这里还需要定义一个页面，里面分别放这三个功能的 Button 事件，新建一个 activity_audio_upload_operation.xml 文件，核心代码如下：

程序清单：10/10.2/client/CourseMis/res/layout/activity_audio_upload_operation.xml

```
<Button
    android:id="@+id/audiouploadoperationactivity_bt"
```

```
        android:layout_width="wrap_content"
        android:layout_height="wrap_content"
        android:onClick="startrecord"
        android:text="开始录制 " />
    <Button
        android:id="@+id/audiouploadoperationactivity_broadcast"
        android:layout_width="wrap_content"
        android:layout_height="wrap_content"
        android:layout_toRightOf="@id/audiouploadoperationactivity_bt"
        android:onClick="playvideo"
        android:text="播放视频 " />
    <Button
        android:id="@+id/audiouploadoperationactivity_upload"
        android:layout_width="wrap_content"
        android:layout_height="wrap_content"
        android:layout_toRightOf="@id/audiouploadoperationactivity_broadcast"
        android:onClick="ButtonOnclick_audiouploadoperationactivity_upload"
        android:text="上传视频 " />
    <Button
        android:id="@+id/audiouploadoperationactivity_back"
        android:layout_width="wrap_content"
        android:layout_height="wrap_content"
        android:layout_toRightOf="@id/audiouploadoperationactivity_upload"
        android:onClick="ButtonOnclick_audiouploadoperationactivity_back"
        android:text="返回 " />
```

完成xml中对Button事件的添加后，之后就该是具体的实现了，新建一个AudioUploadOperation Activity.java类，在类里面定义视频录制的实现，如下面代码所示：

程序清单：10/10.2/client/CourseMis/src/com/upload/AudioUploadOperation Activity.java

```
    public void startrecord(View view) {
      1 Intent mIntent = new Intent(MediaStore.ACTION_VIDEO_CAPTURE);
         //创建拍照 Intent 并将控制权返回给调用的程序
      2 mIntent.putExtra(MediaStore.EXTRA_VIDEO_QUALITY, 0.5);
      3 startActivityForResult(mIntent, RECORD_VIDEO);
    }
```

第1行代码的作用是创建拍照Intent并将控制权返回给调用的程序。第2行代码定义了视频画质的参数，画质参数为0.5。第3行代码是用来启动上面定义的那个intent，系统返回后，将在onActivityResult处理视频文件，如下面代码所示：

程序清单：10/10.2/client/CourseMis/src/com/upload/AudioUploadOperation Activity java

```
        protected void onActivityResult(int requestCode, int resultCode,
            Intent intent) {
        super.onActivityResult(requestCode, resultCode, intent);
        if (resultCode != RESULT_OK) {
            return;
        }
        switch (requestCode) {
        case RECORD_VIDEO:
            //录制视频完成
            try {
        1 AssetFileDescriptor videoAsset = getContentResolver()
```

```
                        .openAssetFileDescriptor(intent.getData(), "r");
        2 FileInputStream fis = videoAsset.createInputStream();
        3  SharedPreferences  sharedata=getSharedPreferences("data", 0);
        4 id = Integer.parseInt(sharedata.getString("userID",null));
           //获得用户 ID
        5 File tmpFile = new File(  "/sdcard/CourseMisRecord/"+ id+ new DateFormat().
           format("yyyyMMdd_HHmmss",Calendar.getInstance(Locale.CHINA))+
           ".mp4");  //保存时的文件名
        6 if(!tmpFile.exists()){
        7     tmpFile.createNewFile();
        8  }
        9 tmpFile.createNewFile();
        10  path = tmpFile.getAbsolutePath();
        11  FileOutputStream fos = new FileOutputStream(tmpFile);
           //通过 FileOutputStream 实现保存
        12  byte[] buf = new byte[1024];
        13  int len;
        14  while ((len = fis.read(buf)) > 0) {
        15      fos.write(buf, 0, len);
        16   }
        17   fis.close();
        18   fos.close();
        19   deleteDefaultFile(intent.getData());
        20  } catch (Exception e) {
        21      e.printStackTrace();
        22   }
        23   iv.setImageBitmap(bitmap);
        24   break;
    }
}
```

处理包括获得唯一的用户 ID（该 ID 具体用在下面的媒体文件的上传中，用来判断此文件是哪一个用户上传的），保存视频文件时的格式，最后是实现保存操作。视频文件通过 FileOutputStream 写入输出流 fos 中，然后将视频文件保存在本地 SD 卡中。这样，调用系统的视频录制就完成了。具体步骤如下面所示：

第 1 行代码首先创建一个 AssetFileDescriptor 对象 videoAsset，AssetFileDescriptor 是一种输入流，它可以创建在这个 ParcelFileDescriptor 对象。第 2 行定义了一个 FileInputStream 文件输入流对象 fis，它通过 videoAsset 来创建一个新的资产输入流。第 3 行代码定义了一个 SharedPreferences 类型的对象 sharedata，SharedPreferences 类提供一个总体框架，允许保存和检索原始数据类型的持久的键 - 值对。第 4 行是用来获得一个用户 ID。第 5 ~ 9 行是用来创建一个文件，文件名如上述格式。第 10 行获得该新建文件的路径。第 11 ~ 22 行是用来将拍照文件存入刚才创建的文件中，具体的方法是通过 FileOutputStream 来实现保存。第 23 行实现查看刚才拍摄的照片。

这样用户视频的拍摄都已完成。

10.2.3 测试 Camera 的使用

图 10-13 为照相机启动界面。在 TakePhotoAction.java 中的 takePhoto 方法中添加一行 Toast 代码，如下所示：

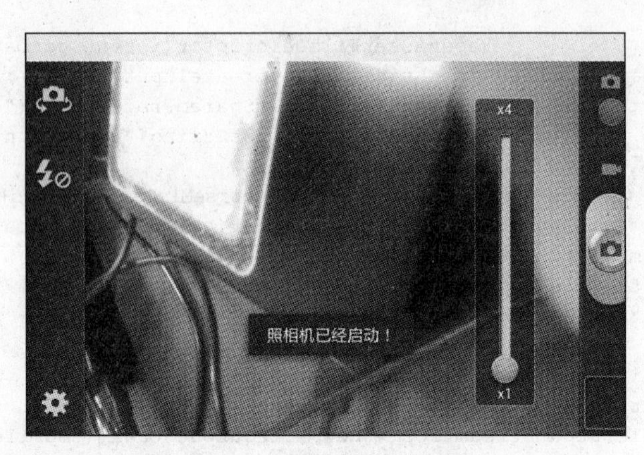

图 10-13 照相机启动界面

```
private void takePhoto() {
    //执行拍照前，应该先判断 SD 卡是否存在
    String SDState = Environment.getExternalStorageState();
    if(SDState.equals(Environment.MEDIA_MOUNTED))//如果有媒体安装的环境
    {
        Intent intent = new Intent(MediaStore.ACTION_IMAGE_CAPTURE);//传拍的照
        ContentValues values = new ContentValues();//contentProvider 存储?
        photoUri = this.getContentResolver().insert(MediaStore.Images.Media.
            EXTERNAL_CONTENT_URI, values);//自动获得 uri
        intent.putExtra(android.provider.MediaStore.EXTRA_OUTPUT, photoUri);
          //URI 是用来存储所请求的图像或视频的名字
        startActivityForResult(intent, 1);
          //跳到拍照页面，这里 1 没用到，可以在一个 onActivityResult 里设置 requestCode 为
              0 来接收新页面的数据
        Toast.makeText(this,"照相机已经启动！", Toast.LENGTH_LONG).show();

    }else{
        Toast.makeText(this,"内存卡不存在", Toast.LENGTH_LONG).show();
    }
}
```

10.3 媒体文件的上传下载

这个项目在作业管理模块中，老师可以发布作业，学生则可以上传作业图片；而在资源管理模块中，学生和老师都可以上传相关的音频和视频资源。

- 在上传的时候，需要选择文件上传，那么势必会用到内容提供器的内容，在 10.3.1 节中介绍了内容提供器的相关实现。
- 至于媒体文件的上传，上传的关键是客户端和服务器之间的交互，这部分内容在第 5 章已经有介绍，这里就不再详细介绍了。
- 对于图片资源，用户可以选择在线查看；而对于一些音频和视频文件，用户则需要先将这些文件进行下载，然后再进行查看。
- 对于用户下载后的资源，肯定是要能够对其进行查看的，下面会详细介绍视频文件的下载、播放，以及图片的查看。

10.3.1 使用内容提供器查看媒体文件

Android 为常见数据类型（音频、视频、图像、个人联系人信息等）装载了很多内容提供器，通常通过 ContentProvider 来实现，它的对象实例通过处理来自其他应用程序的请求来管理对结构化数据集的访问，最终调用 ContentResolver 对象的所有的访问形式，给出对应 ContentProvider 类的具体方法。但这里并没有这样实现，而是用到了 Intent.ACTION_GET_CONTENT，它的目的是要选择一个文件到自己的应用，其中 ACTION_GET_CONTENT 是字符串常量，该常量让用户选择特定类型的数据，并返回该数据的 URI。我们利用该常量，比如设置类型为“image/*”时，就可获得 Android 手机内的所有 image。

在单击“资源共享”之后，出来的界面如 10.1.2 节所示，当用户选择“上传”之后，将实现资源上传操作，所以我们首先要新建一个 activity_upload_audio.xml 文件，在该文件中对 Button 加入 onClick() 事件，如下面代码：

程序清单：10/10.3/client/CourseMis/res/layout/activity_upload_audio.xml

```
<Button
    android:id="@+id/uploadaudio__upload"
    android:layout_width="wrap_content"
    android:layout_height="wrap_content"
    android:text="上传"
    android:onClick="ButtonOnclick_uploadaudio__upload"/>
```

内容提供器实现比较简单，具体的 ButtonOnclick_uploadaudio__upload 方法则在 UploadAudioActivity.java 文件中实现，同样新建一个 UploadAudioActivity.java 文件，具体代码如下：

程序清单：10/10.3/client/CourseMis/src/com/upload/UploadAudioActivity.java

```
public void ButtonOnclick_uploadaudio__upload(View view)
{

    Intent intent = new Intent();                    //intent 可以过滤音频文件
    intent.setType("audio/*");                       //获取音频文件
    intent.setAction(Intent.ACTION_GET_CONTENT);
    startActivityForResult(intent, 22);
        }
```

这样就实现了手机中音频文件的获取。

10.3.2 上传本地媒体文件至网络服务器

这里的媒体文件可以多种多样，包括有音频、视频、图片等文件，在这个项目中这三方面的上传都能实现，首先我会介绍一下图片的上传，这个功能主要应用在学生的作业管理模块，学生可以将自己写在纸上的作业即时拍照上传，也可以上传本地存储的相关图片作业。因为两个功能实现类似，这里就不多介绍，只详细介绍即时拍照上传功能。

在 10.2.1 节中，有个 StudentHMUploadActivity.java 类，在它里面有三个功能，即拍

照、选择图片和上传图片，上面我们讲到了拍照功能，那么这里我们将介绍上传功能，对于StudentHMUploadActivity.java文件中的代码，这里就不再显示。

即时拍照上传就是说等到我们拍完照之后，能够将这张刚拍完的照片上传。具体的流程是当TakePhotoActivity.java执行完之后，StudentHMUploadActivity.java将得到返回的数据，并在回调函数onActivityResult中得到相应的处理，最后将这个图片上传到服务器。

拍完照之后，我们肯定要查看自己刚才拍得图片怎么样，那么这里我们首先对这张图片位图处理，使它能够以位图形式实现，方便我们查看。具体的处理放在StudentHMUpload Activity.java中，如下面代码所示：

程序清单：10/10.3/client/CourseMis/src/com/ImageManage/StudentHMUpload Activity.java

```
1  imageView.setImageBitmap(null);//
2  picPath = data.getStringExtra("photo_path");
3  imagePath=picPath;
4  Log.i("uploadImage", "最终选择的图片路径=" + picPath);
5  Bitmap bitmap = BitmapFactory.decodeFile(picPath);
6  imageView.setImageBitmap(bitmap);//把位图显示出来
7  break;
```

上述第1行代码是设置一个位图作为这个ImageView内容。第2行代码是获得照片路径。第4行代码的功能是把获得的图片路径译码成位图。第6行是把位图显示出来。

拍完照之后用户此时可以选择单击“上传”来实现图片作业的上传，此时在StudentHMUploadActivity.java中就应该执行“case R.id.uploadImage2:”操作，如下面代码所示：

程序清单：10/10.3/client/CourseMis/src/com/ImageManage/StudentHMUpload Activity.java

```
public void onClick(View v) {
    switch (v.getId()) {
    case R.id.selectImage2:
        Intent intent = new Intent();             //intent可以过滤图片文件或其他的
        intent.setType("image/*");
        intent.setAction(Intent.ACTION_GET_CONTENT);
        startActivityForResult(intent, 22);
        break;
    case R.id.takeImage2:
        Intent intent2 = new Intent(getApplicationContext(),
              TakePhotoActivity.class);
        startActivityForResult(intent2, 23);
        break;
    case R.id.uploadImage2:
        if(imagePath!=null)
        {
        File file = new File(imagePath);
        uploadFile(file);
        finish();
        }else
        {
           Toast.makeText(StudentHMUploadActivity.this, "你没有选择任何图片！",
```

```
                Toast.LENGTH_SHORT).show();
        }
        break;
    default:
        break;
    }
}
```

这里上传功能的实现主要是由uploadFile方法来实现，那么下面我们就定义它的具体实现，当然还是在StudentHMUpload Activity.java类中实现，如下面代码所示：

程序清单：10/10.3/client/CourseMis/src/com/ImageManage/ StudentHMUpload Activity.java

```
public void uploadFile(File imageFile ) {
        Log.i(TAG, "upload start");
        try {
            String requestUrl = HttpUtil.server_student_supLoadHomework;
            Map<String, String> params = new HashMap<String, String>();
            params.put("smid", smid+"");
            params.put("sid", sid+"");
            params.put("age", "23");
            FormFile formfile = new FormFile(imageFile.getName(), imageFile,
                "image", "application/octet-stream");
            UploadThread uploadThread = new UploadThread(requestUrl,params,formfile);

            Thread t1 = new Thread(uploadThread);
            t1.start();
            Log.i(TAG, "upload success");
            Toast.makeText(StudentHMUploadActivity.this, "作业上传成功！",
                Toast.LENGTH_SHORT).show();
        } catch (Exception e) {
            Log.i(TAG, "upload error");
            e.printStackTrace();
        }
        Log.i(TAG, "upload end");
            }
```

上传到服务器由HttpUtil.java中的相关代码来处理实现，在服务器端的struts配置中，具有相应的操作与之对应，这样就实现了数据的传输。

上面代码中有一个名为UploadThread的线程，我们希望真正的上传处理由这个线程来实现，那么我们就需要新建一个class文件，命名为UploadThread.java，在这里定义UploadThread方法的实现，如下面代码所示：

程序清单：10/10.3/client/CourseMis/src/com/upload/UploadThread.java

```
public UploadThread(String requestUrl ,Map<String, String> params,FormFile formfile)
    {
        this.requestUrl=requestUrl;
        this.params=params;
        this.formfile=formfile;
    }
    public void run() {
        try {
            FileUtil.post(requestUrl, params, formfile);
```

```
        } catch (Exception e) {
            e.printStackTrace();
        }
```

其中核心方法是 post 方法，该方法主要用来实现客户端与服务器端间数据传输，它通过处理异步 HTTP 请求来实现，具体的实现则在 FileUtil.java 文件中，所以我们需要新建一个 FileUtil.java 文件，下面是调用了 FileUtil.java 中 post 方法中的核心代码，它把所有文件类型的实体数据发送出来，如下面代码所示：

程序清单：10/10.3/client/CourseMis/src/com/upload/FileUtil.java

```
1  for(FormFile uploadFile : files){          //把所有文件类型的实体数据发送出来
2   StringBuilder fileEntity = new StringBuilder();
                                              //定义一个 StringBuilder 类，它用来处理字符串
3  fileEntity.append("--");                   //构造文本类型参数的实体数
4  fileEntity.append(BOUNDARY);               //数据分隔线
5  fileEntity.append("\r\n");                 //数据结束标志
6  fileEntity.append("Content-Disposition: form-data;name=\""+ uploadFile.getPa
        rameterName()+"\";filename=\""+ uploadFile.getFilname() + "\"\r\n");
7  fileEntity.append("Content-Type: "+ uploadFile.getContentType()+"\r\n\r\n");
8  outStream.write(fileEntity.toString().getBytes());
9  if(uploadFile.getInStream()!=null){
10     byte[] buffer = new byte[1024];
11     int len = 0;
12     while((len = uploadFile.getInStream().read(buffer, 0, 1024))!=-1){
13         outStream.write(buffer, 0, len);
14     }
15     uploadFile.getInStream().close();
16      }else{
17     outStream.write(uploadFile.getData(), 0, uploadFile.getData().length);
18     }
19     outStream.write("\r\n".getBytes());
20        }
```

上述第 1 行代码是用来得到文件类型数据的总长度。第 2 行定义了一个 StringBuilder 类型的对象 fileEntity，它用来处理字符串。第 3 ~ 7 行是对 fileEntity 参数的设置。第 8 行表示把所有文本类型的实体数据发送出来。第 9 行先判断文件有没有输入流，以便确定调用哪个构造方法。第 16 行表示如果没有输入流，就将接收到的数据以二进制字节流的形式传进来，调用下面的处理方法，将 uploadFile 写入到输出流 outStream。

这样，客户端上的操作已经结束，下面需要在服务器端实现文件流的接收。

提供流的方式是一边读一边写，直到结束，服务器根据上下文获取一个 request 对象，在这个对象中包含客户端发送过来的数据，最后只要将这些字节流重新写出就能实现文件的保存，即实现了文件的上传，上传后的文件保存在服务器中的 webroot 下的 studentHomeWork 文件夹下。

到服务器端之后，我们首先要设置服务器端的 struts 配置，如下面代码所示：

程序清单：10/10.3/server/CourseMis /src/struts.xml

```
<action name="student_supLoadHomework"  class="com.upload.StudentUploadAction"  >
    <!-- 动态设置 savePath 的属性值 -->
```

```
        <param name="savePath">/studentHomeWork</param>
        <result name="success">/index.jsp</result>
</action>
```

根据配置我们需要在 com.upload 包下新建一个类，命名为 StudentUploadAction.java，在这里定义文件的保存，如下面的核心代码所示：

程序清单：10/10.3/server/CourseMis/src/com/upload/StudentUploadAction.java

```
public String execute(){
        HttpServletRequest request = ServletActionContext.getRequest();
        FileOutputStream fos = null;
        FileInputStream fis = null;
        try {
            fos = new FileOutputStream(getSavePath() + "/" + getImageFileName());
                //getImageFileNamer return ImageFileName
            fis = new FileInputStream(getImage());
            byte[] buffer = new byte[1024];
            int len = 0;
            while ((len = fis.read(buffer)) != -1) {
                fos.write(buffer, 0, len);
            }
            System.out.println(" 文件上传成功 ");
```

上述代码的作用就是将获得的图片文件通过 FileInputStream 读取原始字节流，最后通过 write 方法写出流，并保存文件到指定文件夹下。

下面是对服务器数据库添加记录的操作，代码还是在 StudentUploadAction.java 文件中，如下面代码所示：

程序清单：10/10.3/server/CourseMis/src/com/upload/StudentUploadAction.java

```
        CourseDAO cdao =new CourseDAO();//来存储传递过来的图片属性，放在sh中
        Studenthomework sh = new Studenthomework();
        sh.setShName(imageFileName);
        sh.setShDateTime(new Timestamp(System.currentTimeMillis()));
        sh.setShPath( getSavePath());   //保存在getSavePath方法返回的路径下
        sh.setShScore(0);
        sh.setStudent(sdao.getStudentById(Integer.parseInt(request.g
    etParameter("sid"))));
         sh.setSourcemanage(smdao.getSourcemanageById(Integer.parseIn
    t(request.getParameter("smid"))));
        smdao.saveSH(sh);
    } catch (Exception e) {
        System.out.println(" 文件上传失败 ");
        e.printStackTrace();
    } finally {
        close(fos, fis);
    }
    return SUCCESS;
}
```

上述代码首先实例化了一个 CourseDAO 对象 cdao 和一个 Studenthomework 对象 sh，Studenthomework.java 类在 com.coursemis.model 中，它的作用是作为传参来使用的，主要保存了学生作业的相关参数，通过 saveSH 方法将学生上传的图片作业的记录保存到数据库。

下面是 saveSH 函数的具体实现，具体在 SourceManageDAO.java 类中实现，详细的业务流程这里就不再介绍。SourceManageDAO.java 类中的代码如下所示：

程序清单：10/10.3/server/CourseMis/src/com/coursemis/dao/impl/SourceManageDAO.java

```
public boolean saveSH(Studenthomework instance) {
    Session session = HibernateSessionFactory.currentSession();
    try{
        System.out.println("try saving TbNotice instance...");
        Transaction tx = session.beginTransaction();
        session.save(instance);
        tx.commit();
        return true;
    } catch (RuntimeException e){
        e.printStackTrace();
    }
    HibernateSessionFactory.closeSession();
    return false;
}
```

这样就基本完成了学生作业的上传，老师可以随时查看学生上传的作业，这里只介绍了学生图片文件的上传，至于老师的图片上传，还有其他多媒体文件（如音频和视频文件）的实现过程都与它类似，这里就不再介绍。同学们可以查看本系统的源代码进行学习。

10.3.3 查看网络服务器上的媒体资源

在实现媒体资源上传到服务器之后，现在我们就应该实现怎样查看服务器上的资源了。服务器上的资源包括音频、视频、照片等，在作业管理模块，学生可以在线查看老师发布的以及自己上传的作业；而在资源共享模块，学生和老师都可以对共享资源上的内容进行查看，这里主要是音频文件和视频文件。

下面主要介绍图片的查看和多媒体文件的查看，因为查看资源的时候必须先对该资源进行下载，所以这里的内容也包含了从服务器上下载相关的资源。

1. 作业查看

先介绍学生查看服务器上的作业资源，当用户登录系统单击“作业管理”之后，会显示出教师布置相关作业，当然这里是图片文件，用户可以对这些资源进行在线查看。查看的流程是：用户单击该作业图片，程序就会将这张图片进行下载，而查看也是建立在下载之后的查看，最后会以用户所需要的位图形式显示。

在线查看的 xml 文件在 10.2.1 节中已经定义，这里就加入“查看布置作业”相关代码，对 Button 加入 onClick 事件，如下面代码所示：

程序清单：10/10.2/client/res/layout/activity_homework_course_csubmit_info.xml

```
<Button
        android:id="@+id/homeworkcoursesubmitInfo_info__check"
        android:layout_width="wrap_content"
        android:layout_height="wrap_content"
        android:text=" 查看布置作业 "
        android:onClick="ButtonOnclick_homeworkcoursesubmitInfo_info__check"/>
```

定义完 xml 文件之后需要在具体的类中编写相关的实现，这里的实现主要放在 HomeworkCourseCSubmitInfoActivity.java 类中，因为该类已经在 10.2.1 节中定义，那么这里我们只需要往里面加相关的代码就行。在实现具体的查看之前，程序先要对该图片文件进行下载，下载的具体实现由 Android 的 Message 机制来完成，如下面代码所示：

程序清单：10/10.3/client/CourseMis/src/com/coursemis/HomeworkCourseCSubmitInfo Activity. java

```
private Handler handler =new Handler(){
        public void handleMessage(Message msg){
        super.handleMessage(msg);
        if(data!=null)
        {
        Bitmap bit=BitmapFactory.decodeByteArray(data, 0, data.length);
        saveMyBitmap(sm+"_副本",bit);
        Toast.makeText(HomeworkCourseCSubmitInfoActivity.this,"作业已经下载",
            Toast.LENGTH_SHORT).show();
        }else
        {
        Toast.makeText(HomeworkCourseCSubmitInfoActivity.this,"服务器数据出现错误，
            该作业不存在", Toast.LENGTH_SHORT).show();
        }
        }
};
```

上面的代码执行完毕之后，图片文件就已经保存到用户的手机 SD 卡中了，在上述代码中的 saveMyBitmap 函数实现具体的保存，如下面代码所示：

程序清单：10/10.3/client/CourseMis/src/com/coursemis/HomeworkCourseCSubmitInfo Activity. java

```
public void saveMyBitmap(String bitName,Bitmap mBitmap){
            File f = new File("/sdcard/" + bitName + ".JPG");
            try {
             f.createNewFile();
            } catch (IOException e) {
             // TODO Auto-generated catch block
             Log.v("在保存图片时出错：",e.toString());
            }
            FileOutputStream fOut = null;
            try {
             fOut = new FileOutputStream(f);
            } catch (FileNotFoundException e) {
             e.printStackTrace();
            }
            mBitmap.compress(Bitmap.CompressFormat.JPEG, 100, fOut);
            try {
             fOut.flush();
            } catch (IOException e) {
             e.printStackTrace();
            }
            try {
             fOut.close();
            } catch (IOException e) {
             e.printStackTrace();
            }
}
```

下载完成之后，用户就可以对图片进行查看了，查看的实现定义在ButtonOnclick_homeworkcoursesubmitInfo_info__check方法中。如下面代码所示：

程序清单：10/10.3/client/CourseMis/src/com/coursemis/HomeworkCourseCSubmitInfo Activity. java

```
public void ButtonOnclick_homeworkcoursesubmitInfo_info__check(View view)
    {
        if(sm==null)
        {
            Toast.makeText(HomeworkCourseCSubmitInfoActivity.this,"作业没有下载",
                Toast.LENGTH_SHORT).show();
        }else
        {
            Intent intent = new Intent(HomeworkCourseCSubmitInfo Activity.this
                ,ImageViewActivity.class);
            intent.putExtra("bitmap", sm+"_副本.JPG");
            startActivity(intent);
    }
        }
```

上述代码定义的intent会跳转到另外一个类，所以我们要新建一个ImageViewActivity.java类，这里实现了图片文件位图的显示，如下面代码所示：

程序清单：10/10.3/client/CourseMis/src/org/lxh/net/ImageViewActivity.java

```
public class ImageViewActivity extends Activity {
    ImageView im = null;
    String bitmap=null;
    @Override
    protected void onCreate(Bundle savedInstanceState) {
        super.onCreate(savedInstanceState);
        requestWindowFeature(Window.FEATURE_NO_TITLE);  //全屏查看
        getWindow().setFlags(WindowManager.LayoutParams.FLAG_FULLSCREEN,
                         WindowManager.LayoutParams.FLAG_FULLSCREEN);
        setContentView(R.layout.activity_image_view);
        im=(ImageView)findViewById(R.id.imageShow);
        Intent intent=getIntent();
        if(intent!=null)
        {
            bitmap=intent.getStringExtra("bitmap");
            Toast.makeText(this, bitmap, 1000);
            BitmapFactory.Options op = new BitmapFactory.Options();
            op.inSampleSize = 10;
            Bitmap bmp = BitmapFactory.decodeFile(Environment. getExternal
                StorageDirectory()+"//"+bitmap,op);
            im.setImageBitmap(bmp);
        }
            }
```

这样就实现了图片资源的在线查看。

2. 其他多媒体文件查看

用户在界面上只能看见多媒体文件的文件名，并不能知道它里面的具体内容，要想查看该资源的具体内容，首先需要下载该资源。这跟查看图片资源类似，同样我们首先要在xml文件中定义相关的Button事件，所以我们在前面已经定义的activity_upload_audio.xml文件中添加代码，如下面代码所示：

程序清单：10/10.3/client/CourseMis/res/layout/activity_upload_audio.xml

```
<Button
        android:id="@+id/uploadaudio__down"
        android:layout_width="wrap_content"
        android:layout_height="wrap_content"
        android:text="下载"
        android:onClick="ButtonOnclick_uploadaudio__down"/>
```

新建一个UploadAudioActivity.java类跟这个xml文件相关联，在该类中定义ButtonOnclick_uploadaudio_down方法，实现从服务器上下载多媒体资源，核心代码如下：

程序清单：10/10.3/client/CourseMis/src/com/upload/UploadAudioActivity.java

```
public void ButtonOnclick_uploadaudio__down(View view)
    {
        if(sminfo==null)
        {
            Toast.makeText(UploadAudioActivity.this,"您没有选择那份资源",
                Toast.LENGTH_SHORT).show();
        }else
        {
            final String smname =
                sminfo.substring(sminfo.indexOf(":")+1,sminfo.length());
            Log.v("看下媒体文件的名字",smname);
            final String address=HttpUtil.server+"/mediaShared"+"/"+smname;
            try {
                new Thread(){
                    public void run(){
                    String url = HttpUtil.server+"/mediaShared/"+smname;
                    HttpDownloader downloader = new HttpDownloader();
                    String result = downloader.download(url, "CourseMisMedia/");
                    handler.sendEmptyMessage(0);
                    }
                    }.start();
            } catch (Exception e) {
                Log.e("NetActivity", e.toString());
                Toast.makeText(UploadAudioActivity.this, "下载出错", 1).show();
            }
        }
    }
```

这里定义了与服务器连接的url，具体的下载函数download就放在HttpDownloader.java文件中，所以我们要新建这个HttpDownloader.java类，在该类里面定义具体的实现方法，下面是该类中的核心download函数。

程序清单：10/10.3/client/CourseMis/src/org/lxh/net/HttpDownloader.java

```
public String download(String urlStr,String path){
    int start = urlStr.lastIndexOf("/");
    int end = urlStr.length();
    String fileName = urlStr.substring(start,end);//截取文件名，为下载到SD卡上的文件名
    HttpURLConnection urlConn = null;
```

```
        try {
            url = new URL(urlStr);
            urlConn = (HttpURLConnection)url.openConnection();
            urlConn.connect();//一定要加上，否则 urlConn.getInputStream() 报错
            urlConn.setConnectTimeout(6000);
            InputStream inputStream = urlConn.getInputStream();
            FileUtil fileUtils = new FileUtil();
            File resultFile = fileUtils.write2SDFromInput(path, fileName, inputStream);
                //将一个 InputStream 里面的数据写入 SD 卡
            if(resultFile == null){
                    return null;
            }
            return resultFile.getAbsolutePath();
        }
        catch (Exception e) {
            e.printStackTrace();
        }
        finally{
                if (null != urlConn)
                    urlConn.disconnect();
        }
        return null;
    }
```

上述代码中的 write2SDFromInput 方法是将一个 InputStream 里面的数据写入 SD 卡中，而具体文件的格式和方法则在 FileUtil.java 类中定义，所以我们新建一个 FileUtil.java 类，下面是该类的具体实现代码：

程序清单：10/10.3/client/CourseMis/src/com/upload/FileUtil.java

```
    public File write2SDFromInput(String path,String fileName,InputStream input){
            File file = null;
            OutputStream output = null;
            try {
                createSDDir(path);
                file = createSDFile(path + fileName);
                output = new FileOutputStream(file);
                byte[] buffer = new byte[FILESIZE];
                while((input.read(buffer)) != -1){
                    output.write(buffer);
                }
                output.flush();
            }
            catch (Exception e) {
                e.printStackTrace();
            }
            finally{
                try {
                    if(null != output){
                        output.close();
                    }
                    if(null != input){
                    input.close();
                    }
```

```
            } catch (IOException e) {
                e.printStackTrace();
            }
        }
        return file;
    }
```

这样就实现了多媒体文件的下载和查看，至于下载之后的播放，会在后面章节中详细介绍。

10.3.4 对下载后的媒体文件进行播放

用户下载文件后，单击“播放视频”将处理播放视频相关的代码，这里的界面和Button事件在10.2.2节中已经介绍，这里就不再显示，现在我们需要对Button事件做相应的处理，在activity_audio_upload_operation.xml文件中有对视频播放的处理，如下面代码所示：

程序清单：10/10.2/client/CourseMis/res/layout/activity_audio_upload_operation.xml

```
<Button
    android:id="@+id/audiouploadoperationactivity_broadcast"
    android:layout_width="wrap_content"
    android:layout_height="wrap_content"
    android:layout_toRightOf="@id/audiouploadoperationactivity_bt"
    android:onClick="playvideo"
    android:text="播放视频" />
```

所以需要在AudioUploadOperationActivity.java类中添加playvideo方法，如下面代码所示：

程序清单：10/10.3/client/CourseMis/src/com/upload/AudioUploadOperationActivity.java

```
public void playvideo(View view) {
    if(path==null)
    {
        Toast.makeText(AudioUploadOperationActivity.this,"您还没有拍摄视频",
            Toast.LENGTH_SHORT).show();
        }else
        {
            Intent intent = new Intent(Intent.ACTION_VIEW);
            intent.setDataAndType(Uri.parse(path),  "video/mp4");
            startActivityForResult(intent, PLAY_VIDEO);
        }
        }
```

上述代码比较简单，如果想使用action_view来显示video/mp4相关的文件，那么就通过setDataAndType方法来指定，最后通过startActivityForResult方法启动这个intent，实现视频的播放。关于播放功能，由于不用对回调函数返回数据，所以这里对回调函数没处理，只是执行了一下打印日志操作。这样就实现了视频文件的播放。

10.3.5 测试媒体文件的上传下载

1）在ImageActiviy.java文件中的uploadFile方法中添加一行Toast代码，用来测试图片文件是否已经上传，若成功上传，效果如图10-14所示，具体实现代码如下。

图 10-14 文件上传成功界面

程序清单：10/10.3/client/CourseMis/src/com/ImageManage/ImageActiviy.java

```
public void uploadFile(File imageFile ) {
          Log.i(TAG, "upload start");
          try {
               String requestUrl = HttpUtil.server_teacher_tupLoadHomework;
               //请求普通信息
               Map<String, String> params = new HashMap<String, String>();
               params.put("cid", cid);
               params.put("tid", tid);
               params.put("age", "23");
               //上传文件，第三个参数是struts2接收的参数
               FormFile formfile = new FormFile(imageFile.getName(), imageFile,
                    "image", "application/octet-stream");
               UploadThread uploadThread = new UploadThread
                    (requestUrl,params,formfile);

               Thread t1 = new Thread(uploadThread);
               t1.start();

               System.out.println("作业上传成功！ ");
               Log.i(TAG, "upload success");
               Toast.makeText(ImageActivity.this, "上传作业成功...",
                    Toast.LENGTH_LONG).show();
```

2）在 ImageActiviy.java 文件中添加一行 Toast 代码，用来测试图片文件是否已经下载，如下面代码所示：

程序清单：10/10.3/client/CourseMis/src/com/ImageManage/ImageActiviy.java

```
private Handler handler = new Handler() {
    @Override
    //当有消息发送出来的时候就执行Handler的这个方法
    public void handleMessage(Message msg) {
        super.handleMessage(msg);
```

```
            Toast.makeText(UploadAudioActivity.this, "资源已经下载",
                    Toast.LENGTH_SHORT).show();
        }
    };
```

扩展练习

1. 请在本章的基础上实现音频的录制以及音频文件上传到服务器的功能。
2. 尝试开发一个程序，实现一个音频播放器的项目，显示播放的基本功能，外加供用户自助选择音频文件的功能，如下图所示。

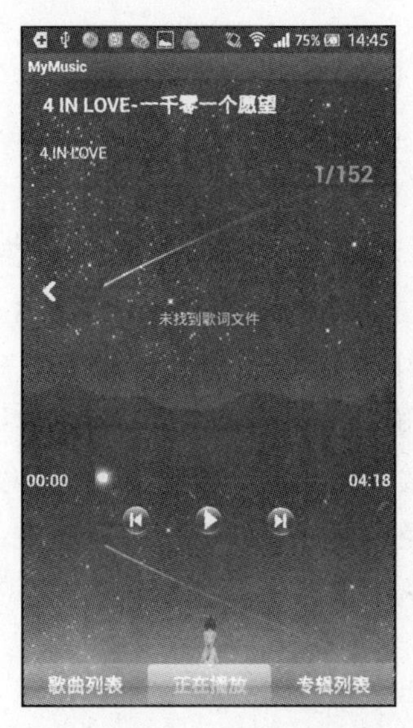

3. 尝试开发一个程序，如下图所示，实现一个视频播放器的项目，显示播放的基本功能，外加供用户自助选择视频文件的功能。

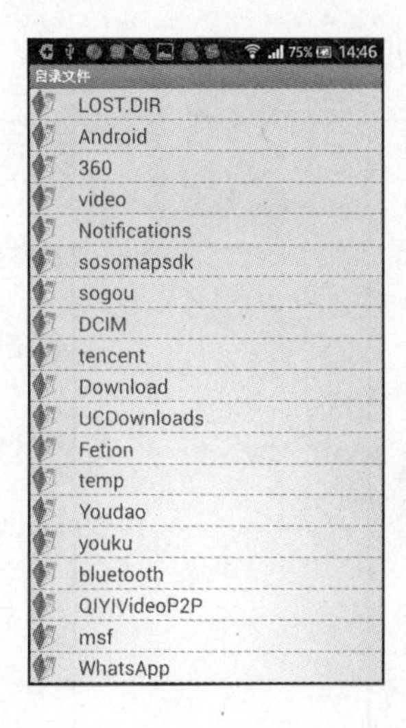

第11章　消息发送

这一章，我们主要介绍如何在Android手机上实现短信发送，即以群发短信的形式来实现消息的发送。当需要下达通知或发送祝福的时候，我们往往是对所编辑的短信进行群发，这里主要介绍实现通知的下达（教师给学生发送的通知）。

学习重点

- 使用SMSManager实现发送短信

11.1　功能分析和设计

由于高校采取走班式上课形式，课堂结束后，教师和学生之间很难实现相互联系。常常会出现教师因事请假、无法准时上课这类的突发现象，学生往往是到了教室后才能得知这一消息，这种情况导致的消息的延时性，是目前高校课堂的一大弊端。本项目在结合Android开发的基础上，提出了消息发送这一功能模块，用以解决这一问题。

消息互发能够加强学生和教师之间的交流，方便教师第一时间向学生发送通知，也给教师和学生提供答疑解惑的途径。这里介绍的项目只实现了教师群发短信功能，即教师通过给整个班级发送信息来通知学生上课情况和作业情况，这样的操作比较快捷，方便教师通知学生。

下面是具体设计：

1）用户登录系统后，进入主界面，在这里用户可以单击“短信通知”来实现给班级学生发送通知，如图11-1所示。

2）单击“短信通知”之后，出现该教师所教授的课程，如图11-2所示。

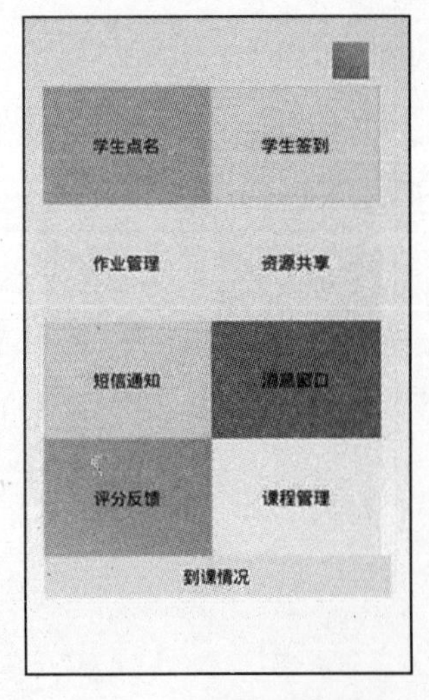

图11-1　用户登录界面

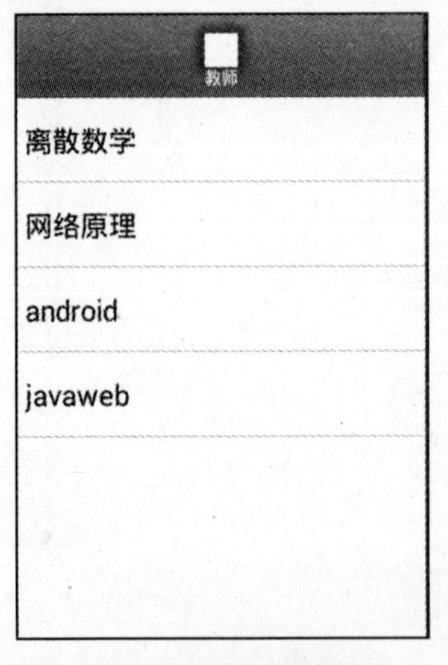

图11-2　教师所授课程

3）教师决定自己需要通知的班级，选择要通知的课程班级，单击该课程，出现编辑信息界面，如图 11-3 所示。

4）教师编辑完信息之后，单击“发送”就能实现给选了该门课程的学生发送通知信息，发送完之后的信息历史记录会显示在该页面上，如图 11-4 所示。

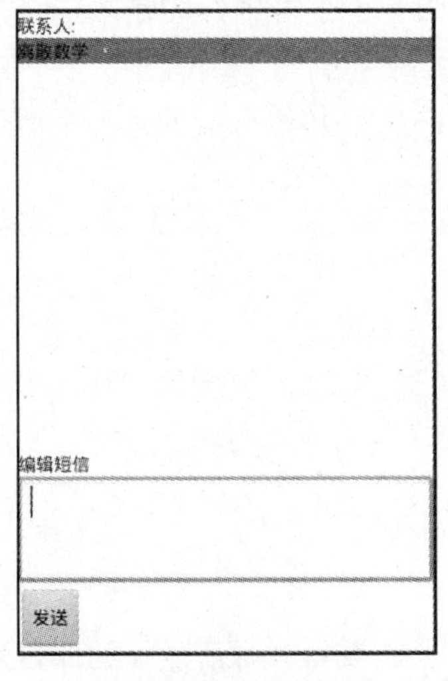

图 11-3　编辑信息界面

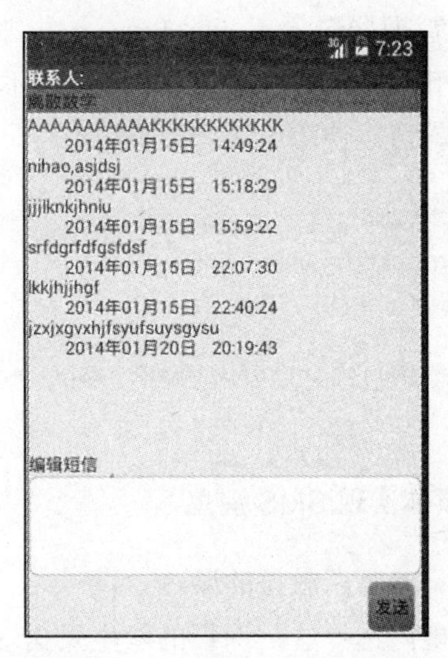

图 11-4　已发送信息的显示

11.2　教师 SMS 消息发送

11.2.1　SMS 消息

1. 文本消息

Android 通过 SMSManager 在应用程序中提供了完整的 SMS 功能，使用 SMS 管理器，你可以仿照手机 SMS 应用程序发送文本消息、处理接受到的文本，或者将 SMS 用作数据传输层。

Android 中的 SMS 消息是由 SMSManager 进行处理的。可以通过使用静态方法 SmsManager.getDefault 获得对 SMS 管理器的引用，如下面代码所示：

```
SmsManager smsManager = SmsManager.getDefault();
```

为了发送 SMS 消息，使用 SMS 管理器中的 sendTextMessage，并传入收件人地址（电话号码）和想要发送的文本信息。如下面代码所示：

```
smsManager.sendTextMessage(mobile, null, str, sentIntent, null);
```

SmsManager 类中可以使用的 3 种传送短信的方法如下：

1）sendDataMessage 发送 Data 格式的 SMS 传送到特定程序的 Port。

2）sendMultipartTextMessage 发送多条文字短信。

3）sendTextMessage 发送文字短信。

在这里当然采用的是 sendTextMessage，它的第一个参数表示收件人的地址；第二个参数表示所要使用的 SMS 服务中心，如果输入 null，那就表示将为运营商使用默认的服务中心；

第三个参数表示的是文本信息；第四个参数为发送服务；第五个参数为送达服务。其中收件人与正文是不可为 null 的两个参数。

2. 符合最大 SMS 消息尺寸

SMS 消息通常被限制为 160 个字符，因此比此更长的消息需要分解成一系列更小的部分。SMS 管理器包含 divideMessage 方法，它可以接受一个字符串作为输入，并将其分成一个消息数组列表，其中的每一个消息都不允许超过最大的尺寸。

之后就可以使用 SMS 管理器上的 sendTextMessage 方法传输分成的每一个消息数组，如下面代码：

```
List<String> ms = smsManager.divideMessage(content);
for(String str : ms )
{
    smsManager.sendTextMessage(mobile, null, str, sentIntent, null);
}
```

11.2.2 具体实现 SMS 消息

1. 获得教师所教授的课程

要实现向选择这门课程的学生发送短信，就势必要先获得教师所教授的课程列表，因为各种课程信息都存在服务器的数据库中，所以要得到这些信息首先就需要连接服务器，通过服务器来得到相应的数据，这里主要是指课程信息。

在主界面的 xml 文件中，我们添加对“短信通知”的 Button 事件，如下面代码所示：

程序清单：11/11.2/client/CourseMis/res/layout/activity_welcome.xml.xml

```
<Button
    android:id="@+id/notice"
    android:layout_width="140dip"
    android:layout_height="95dip"
    android:background="@drawable/e"
    android:scaleType="centerCrop"
    android:text=" 短信通知 " >
</Button>
```

然后再在具体的实现类中添加代码，所以这里新建 WelcomeActivity.java 类，在该类中添加如下代码：

程序清单：11/11.2/client/CourseMis/src/com/coursemis/WelcomeActivity.java

```
button_notice.setOnClickListener(new OnClickListener(){
    @Override
    public void onClick(View v) {
        Intent intent = new Intent(WelcomeActivity.this, TabMessageActivity.class);
        Bundle bundle = new Bundle();
        bundle.putInt("teacherid", teacherid);
        intent.putExtras(bundle);
        WelcomeActivity.this.startActivity(intent);
    }
});
```

上述代码会启动另外一个 Intent，所以这里要新建这个 TabMessageActivity.java 类，一旦用户按下“消息发送”，便会跳转到 TabMessageActivity.java 类中，在该类中定义 load 函数，用来加载教师所教授的课程信息，如下面代码所示：

程序清单：11/11.2/client/CourseMis/src/com/coursemis/TabMessageActivity.java

```
public void load() {
    client  = new AsyncHttpClient();
    RequestParams params = new RequestParams();
    params.put("teacherid", teacherid+"");
    params.put("action", "course_teacher");///
    client.post(HttpUtil.server_course_teacher, params,
        new JsonHttpResponseHandler() {
                  @Override
        public void onSuccess(int arg0, JSONObject arg1) {
        Toast.makeText(context,"onsuccess", Toast.LENGTH_SHORT).show();
        Toast.makeText(context,arg1.toString(), Toast.LENGTH_SHORT).show();
        List<Course> courseList = new ArrayList<Course>();
        for(int i=0;i<arg1.optJSONArray("result").length();i++){
        JSONObject object = arg1.optJSONArray("result").optJSONObject(i);
        Course course = new Course();
        course.setCId(object.optInt("CId"));
        courseid_temp.add(course.getCId());

        course.setCName(object.optString("CName").toString());
        courseNames.add(course.getCName());
        course.setCNum(object.optString("CNum"));

        Teacher teacher = new Teacher();
        teacher.setTId(object.optJSONObject("teacher").optInt("TId"));

        course.setCFlag(object.optBoolean("CFlag"));
        course.setCPointTotalNum(object.optInt("CPointTotalNum"));
        courseList.add(course);
        }
        teacher_Information = new String[courseList.size()];

        course = new Course[courseList.size()];

        for(int i=0;i<courseList.size();i++)
        {
            course[i]= new Course();
            course[i]=(Course)courseList.get(i);
        }
        Mail_list(Teacher);
        super.onSuccess(arg0, arg1);
        }
    });
}
```

上述代码中有个 Mail_list() 方法，它的功能是将该教师的课程罗列出来，下面代码是它的具体实现。

程序清单：11/11.2/client/CourseMis/src/com/coursemis/TabMessageActivity.java

```
void Mail_list(int person)
    {
     if(person==Teacher)
    {
        //创建老师的

        listView = (ListView) findViewById(R.id.teacher);

        for(int i=0;i<course.length;i++){
            teacher_Information[i]=course[i].getCName();
        }
            //创建一个 ArrayAdapter

        listView.setAdapter(new ArrayAdapter<String>(this,
            android.R.layout.simple_list_item_1, teacher_Information));

            //listView 注册一个元素单击事件监听器
            listView.setOnItemClickListener(
                new AdapterView.OnItemClickListener() {
            @Override
            //跳转到短信发送界面
            public void onItemClick(AdapterView<?> arg0,
                View arg1, int arg2,long arg3) {
            servicer(course[arg2]);//将所选择的课程传递到 servicer 中
                }
            });
    }
    }
```

上述代码中有个 servicer() 方法，它是将所选择的课程传递到 servicer 中，最后得到显示，如下面代码所示：

程序清单：11/11.2/client/CourseMis/src/com/coursemis/TabMessageActivity.java

```
    void servicer(Course courses)
    {
    RequestParams params = new RequestParams();
        params.put("teacherid", teacherid+"");
        params.put("action", "class_phone_number");
        params.put("courseid", courses.getCId()+"");

        //TODO Auto-generated method stub
        Intent intent = new Intent(TabMessageActivity.this,
            MessageInfoActivity.class);
        Bundle bundle = new Bundle();
        bundle.putInt("teacherid", teacherid);                    //老师的 id
        bundle.putString("ClassName", courses.getCName());      //班级的名称
        bundle.putString("CName", courses.getCName());          //多选择的课程名
        //bundle.putString("CID", courses.getCId()+"");          //多选择的课程 id
        bundle.putInt("courseid", courses.getCId());            //多选择的课程 id

        intent.putExtras(bundle);
```

```
        TabMessageActivity.this.startActivity(intent);          //跳转到 message 界面
    }
```

对于怎样跟服务器端交互获得课程信息，这里就不再介绍，它采用的还是异步处理的方法，通过 post 方法执行服务器上的 course_teacher.action，得到相关教师所教授的相关课程，并将得到的结果存储在 JSON 中传输给客户端，从数据库得到信息后，将信息存在 courseList 对象中并显示，在得到课程列表之后，就该实现消息的发送了。下面是服务器端 NoteAction.java 中的核心代码：

程序清单：11/11.2/server/CourseMis/src/com/coursemis/action/NoteAction.java

```
        for(int i=0;i<notes.size();i++){
        JSONObject object_temp = new JSONObject();
        System.out.println("000000000000:");
        object_temp.element("NId", notes.get(i).getNId());
        object_temp.element("NReceive",notes.get(i).getNReceive());
        object_temp.element("NContent",notes.get(i).getNContent());
        SimpleDateFormat formatter = new SimpleDateFormat
            ("    yyyy年MM月dd日     HH:mm:ss      ");
        String time = formatter.format(notes.get(i).getNDatetime());
        object_temp.element("NDatetime",time);
        System.out.println("NDatetime:"+notes.get(i).getNDatetime());
        Teacher teacher_temp = notes.get(i).getTeacher();
        JSONObject object_temp_2 = new JSONObject();
        object_temp_2.element("TId",teacher_temp.getTId());
        object_temp.element("teacher", object_temp_2);
        jsonArray.add(i, object_temp);
        }
    resp.put("result", jsonArray);
```

2. 发送文本信息

在上面的介绍中，servicer() 方法定义了一个信息 Intent，而这个 Intent 的目的就是发送文本信息，所以我们新建 MessageInfoActivity.java 类。代码很长，这里就只添加核心代码，具体的代码如下：

程序清单：11/11.2/client/CourseMis/src/com/coursemis/MessageInfoActivity.java

```
    if(mobile.length()<1)return ;
            if(content.length()<1){
            Toast.makeText(getApplicationContext(), "请输入内容",
                    Toast.LENGTH_SHORT).show();
            return ;
            }
            SmsManager smsManager = SmsManager.getDefault();
            PendingIntent sentIntent = PendingIntent.getBroadcast(Msg_
                Message.this, 0, new Intent(), 0);
            if(content.length() >= 70)
            {
                //短信字数大于70，自动分条
                List<String> ms = smsManager.divideMessage(content);
                for(String str : ms )
```

```
        {
            //短信发送
            smsManager.sendTextMessage(mobile, null, str, sentIntent, null);
        }
    }
    else
    {
        smsManager.sendTextMessage(mobile, null, content, sentIntent, null);
    }
```

为了发送文本信息，这里采用的是 SMS 管理器中的 sendTextMessage 方法。上述代码中，sendTextMessage 中的参数 mobile 表示短信中心服务号码，content 表示具体的短信内容，sentIntent 表示发送短信结果状态信号（是否成功发送）。在上面的介绍中，如果信息在限度范围内，那么直接发送；如果信息字数超过限度，那么就对这些短信进行分割，分割之后再一条一条发送。

在完成短信发送之后，服务器上应该有相应的记录，那么这里还需要跟服务器端进行交互，如下面代码所示：

程序清单：11/11.2/client/CourseMis/src/com/coursemis/MessageInfoActivity.java

```
client.post(HttpUtil.server_note_add, params,
    new JsonHttpResponseHandler() {
        @Override
        public void onSuccess(int arg0, JSONObject arg1) {
            Toast.makeText(context, "onSuccess",
                Toast.LENGTH_SHORT).show();
            String addMessage_msg = arg1
                .optString("result");
            DialogUtil.showDialog(context, addMessage_msg,
                true);

            super.onSuccess(arg0, arg1);
        }

        @Override
        public void onFailure(Throwable arg0,
            JSONObject arg1) {
            // TODO Auto-generated method stub
            Toast.makeText(context, "onFailure...",
                Toast.LENGTH_SHORT).show();
            System.out.println(arg0.toString());
            super.onFailure(arg0, arg1);
        }
    });
et_content.setText("");

Toast.makeText(context, "addMessage2", Toast.LENGTH_SHORT)
    .show();
//loadMessage(); /** 重新获取已发过的信息 **/
RequestParams params1 = new RequestParams();
params1.put("teacherid", teacherid + "");
params1.put("action", "server_message_get");
```

在服务器端的 struts.xml 配置文件中做相应的配置，如下所示：

```
<action name="note_add" class="com.coursemis.action.NoteAction"
    method="addNote"></action>
```

配置完之后，在服务器端的 NoteAction.java 类中实现短信添加功能，如下面代码所示：

程序清单：11/11.2/server/CourseMis/src/com/coursemis/action/NoteAction.java

```
public void addNote() throws IOException {
        System.out.println("getNoteOfTeacher:");
        int teacherid = Integer.parseInt(request.getParameter("teacherid"));
        String name_receive = request.getParameter("name_course");
            //获得课程名，用于存储到 Note.NReceive
        String content_note = request.getParameter("content_message");
            //获得 Note 的内容，用于存储到 Note.NContent
        System.out.println("teacherid:"+teacherid);

        Note note = new Note();
        Teacher teacher = teacherService.getTeacherById(teacherid);

        note.setTeacher(teacher);
        note.setNContent(content_note);
        note.setNReceive(name_receive);
        note.setNDatetime(new Timestamp(System.currentTimeMillis()));

        System.out.println("note:"+note.toString());

        boolean addNoteSuccess = noteService.addNote(note);

        JSONObject resp = new JSONObject();

        if(addNoteSuccess){
            resp.put("result", "添加信息成功");
            System.out.println("添加信息成功");
    }
    else{
        resp.put("result", "添加信息失败");
        System.out.println("添加信息失败");
    }
    System.out.println("resp:"+resp.toString());
    PrintWriter out = response.getWriter();
    out.print(resp.toString());
    out.flush();
    out.close();
}
```

至此，信息发送功能已经完成，并且短信息都存在服务器上的数据库中。

3. 显示已发送信息

除了发送信息功能之外，还需要实现已发送信息的显示功能，这个就是普通短信的消息记录功能，所以我们这里也要设计信息记录。在实现上，它跟“获得课程列表”类似，只不过它获得的是服务器上的已发送信息，核心代码在 MessageInfoActivity.java 类中定义，如下面代码所示：

程序清单：11/11.2/client/CourseMis/src/com/coursemis/MessageInfoActivity.java

```
//loadMessage(); /** 重新获取已发过的信息 **/
    RequestParams params1 = new RequestParams();
    params1.put("teacherid", teacherid + "");
    params1.put("action", "server_message_get");

    client.post(HttpUtil.server_note_get, params1,

    new JsonHttpResponseHandler() {
        @Override
        public void onSuccess(int arg0, JSONObject arg1) {
        Toast.makeText(context, "onsuccess...loadMessage"     ,
            Toast.LENGTH_SHORT).show();
        //List<String> messageList = new
        //ArrayList<String>();
        for (int i = 0; i < arg1.optJSONArray("result")
            .length(); i++) {
            JSONObject object = arg1.optJSONArray(
                "result").optJSONObject(i);

            String content_temp = object
                .optString("MContent");
            String datetime_temp = object
                .optString("MDatetime");

            all_msg = all_msg + content_temp + '\n'
                + datetime_temp + '\n';
            }
        msg_table.setText(all_msg);
        super.onSuccess(arg0, arg1);
    }
});
        }
    });
```

上面是客户端的实现，至于服务器端的实现，跟信息保存到服务器类似，同样先在服务器端的 struts.xml 配置文件中进行配置：

```
<action name="note_get" class="com.coursemis.action.NoteAction"
 method="getNoteOfTeacher">    </action>
```

通过 post 方法能够调用服务器端 NoteAction.java 文件中 getNoteOfTeacher 方法，来获得该教师曾经发送过的信息，最后返回到客户端，如下面代码所示。

程序清单：11/11.2/server/CourseMis/src/com/coursemis/action/NoteAction.java

```
public void getNoteOfTeacher() throws IOException {
    System.out.println("getNoteOfTeacher:");
```

```
    int teacherid = Integer.parseInt(request.getParameter("teacherid"));

    System.out.println("teacherid:"+teacherid);

    List<Note> notes = noteService.getNoteByTeacherId(teacherid);

    System.out.println("notes'num = "+ notes.size());

    JSONObject resp = new JSONObject();
    JSONArray jsonArray = new JSONArray();
    for(int i=0;i<notes.size();i++){

        JSONObject object_temp = new JSONObject();
        System.out.println("000000000000:");
        object_temp.element("NId", notes.get(i).getNId());
        object_temp.element("NReceive",notes.get(i).getNReceive());
        object_temp.element("NContent",notes.get(i).getNContent());

        SimpleDateFormat formatter = new SimpleDateFormat
            ("           yyyy年MM月dd日      HH:mm:ss       ");
        String time = formatter.format(notes.get(i).getNDatetime());
        object_temp.element("NDatetime",time);

        System.out.println("NDatetime:"+notes.get(i).getNDatetime());


        Teacher teacher_temp = notes.get(i).getTeacher();

        JSONObject object_temp_2 = new JSONObject();
        object_temp_2.element("TId",teacher_temp.getTId());
        object_temp.element("teacher", object_temp_2);

        jsonArray.add(i, object_temp);
        System.out.println("-----------------:");
    }
    resp.put("result", jsonArray);
    System.out.println("resp:"+resp.toString());
    PrintWriter out = response.getWriter();
    out.print(resp.toString());
    out.flush();
    out.close();
}
```

这样，以前曾经发送过的信息都会显示在客户端的信息发送界面。

至此，关于SMS消息的发送功能都已经完成。

11.2.3 测试消息发送功能

在教师登录后，单击“短信通知”，进入教师的课程界面，在这里随便单击一门课程，比如“java web”，进去之后就可以发送信息。在编辑框内输入信息，单击发送，手机上会出现提醒信息，这个时候就说明发送信息已经成功。如图11-5所示。

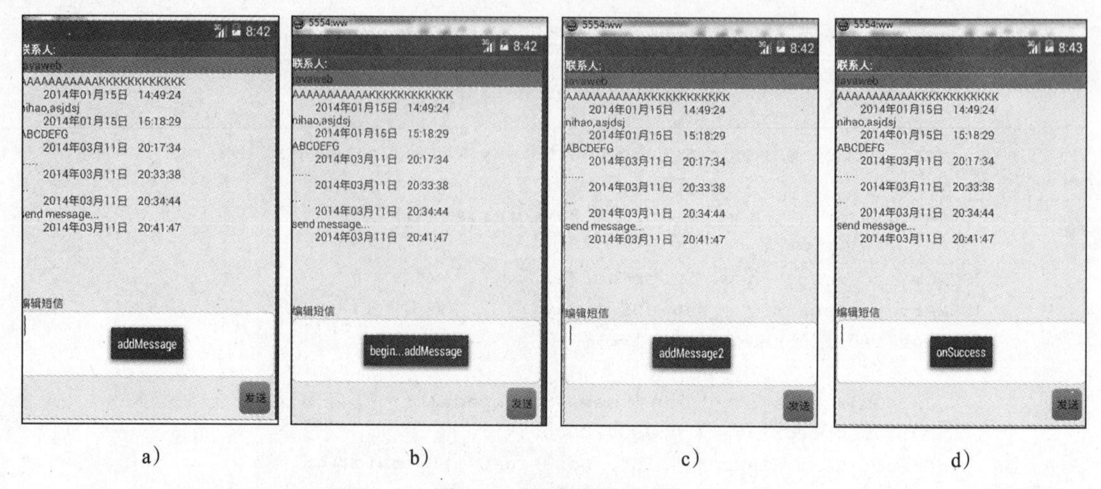

a) b) c) d)

图 11-5 消息发送过程

扩展练习

1. 在本章基础上扩展一个功能：实现学生向授课教师发送短信信息。
2. 尝试开发一个程序，实现读取信息功能，如下图所示。

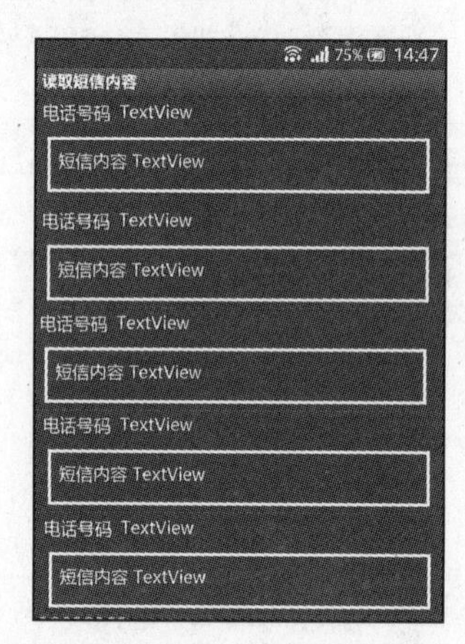

3. 尝试开发一个程序，实现发送短信和显示短信列表的功能，如下图所示。

第 12 章　实践扩展——私家车拼车系统

学习最忌讳的是“纸上谈兵”。在学习了本教程的所有知识点后，我们需要将所学的知识融会贯通，灵活使用。本章作为整本书的实践环节，提出了一个基于 Android 开发的编程实践。希望大家能理论结合实践，提高自己的动手编程能力。

12.1　项目背景

随着我国私家车数量的不断增加，如何解决私家车资源的浪费问题备受关注，“拼车”这一概念也应运而生。以私家车车主和拼友作为主要用户，基于 Android 系统提出的私家车拼车系统，有效地提出一个科学、合理、操作性强的私家车“拼车”解决方案。这将有效缓解城市上下班高峰问题，充分利用现有私家车资源，减少能耗和大气污染，同时也为乘客提供了便捷与舒适的乘车环境，具有积极的社会效益和经济效益。

12.2　项目需求

在本书的第 3 章扩展练习中，我们已经要求大家对该系统进行了需求分析，这里我们将给出一个较为统一、全面的项目需求。

整个应用程序可划分为 6 个模块，如图 12-1 所示，分别是注册登录、拼车信息发布、拼车信息浏览、拼车信息修改、拼车记录查看、在线聊天室。

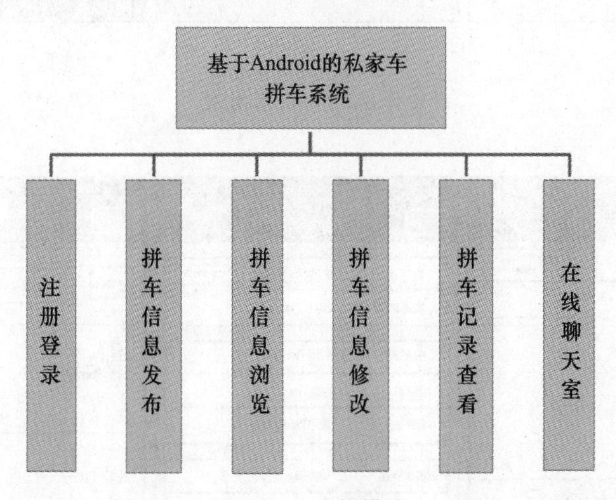

图 12-1　功能模块

1）注册登录模块：系统最基本的要求，可以实现用户的注册和登录使用。对于拼车系统的用户，需要给用户建立一个账户来识别用户的信息，并对用户进行管理。用户的信息统一分类保存在数据库表中。

2）在线聊天室模块：用户与用户间可以即时聊天，商讨拼车的具体细节。

3）拼车信息发布模块：可以快速发布拼车需求，拼车有两种类型，即工作日拼车和单次拼车；发布人有两种身份，即拼友和车主；此外，发布人还可以对已发布的信息进行修改以及关闭。

4）拼车信息浏览模块：用户可以浏览别人发布的拼车信息，也可以访问其他用户的个人基本信息，同时查看个人的资料、拼车历史记录和联系人。拼车信息包括拼车起始点、目的地、日期时间、备注以及发布人基本个人信息。

5）拼车信息修改模块：用户在此修改个人基本信息以及登录密码。

6）拼车记录查看模块：查看自己发布的拼车记录，查看自己的历史联系人。

12.3 实现效果

完整的私家车拼车系统实现效果图可参见图 12-2 ~ 图 12-5。

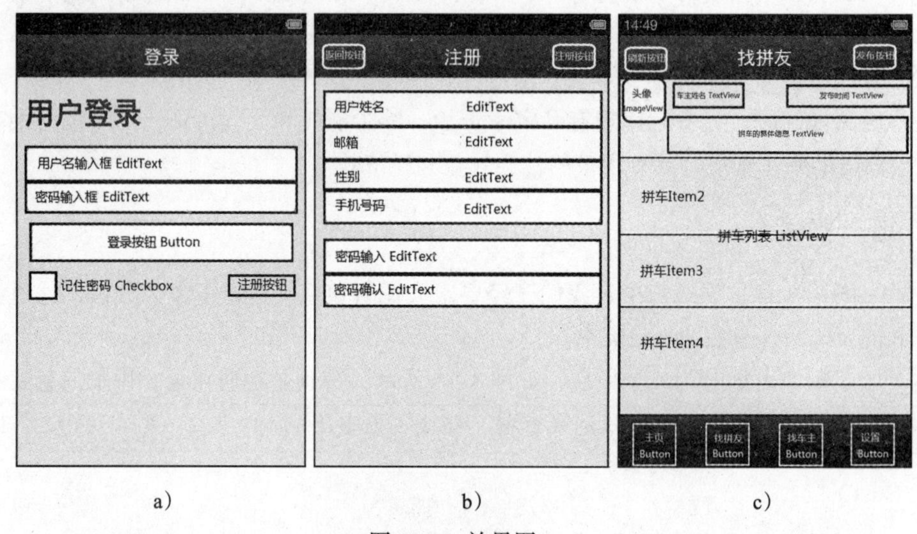

a) b) c)

图 12-2 效果图 1

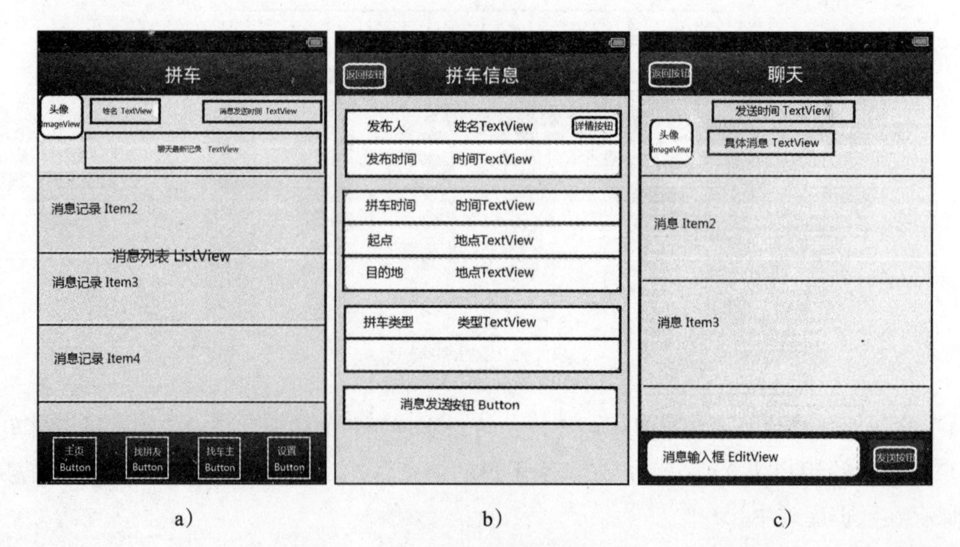

a) b) c)

图 12-3 效果图 2

图 12-4　效果图 3

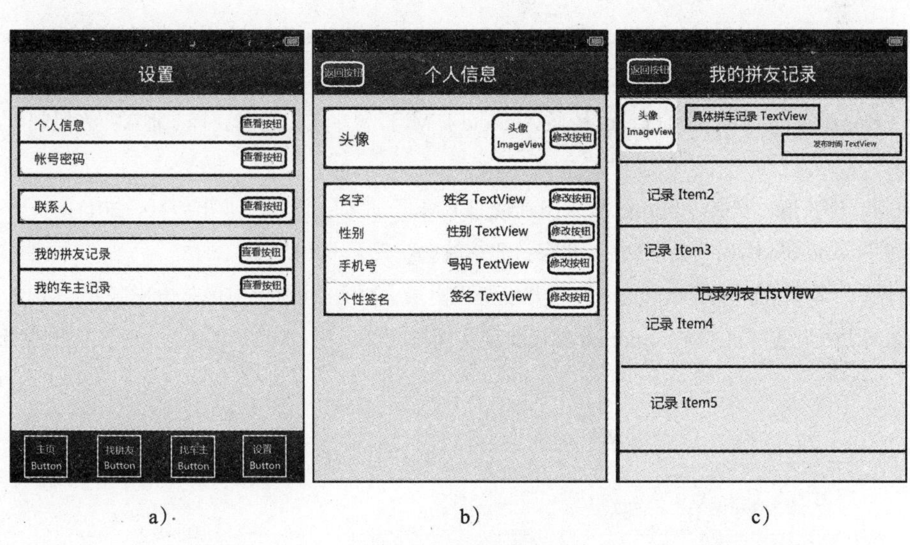

图 12-5　效果图 4

参考文献

[1] Reto Meier. Android 2 高级编程 [M] . 王超，译 . 北京：清华大学出版社，2012.

[2] 张思民 . Android 应用程序设计 [M] . 北京：清华大学出版社，2013.

[3] 阳雪峰，陈文臣 . Java Web 2.0：基于 Spring、Struts、Hibernate 轻量级架构开发 [M] . 北京：机械工业出版社，2009.

[4] 邓文渊 . Android 开发基础教程 [M] . 北京：人民邮电出版社，2014.

[5] 靳岩，姚尚朗 . Google Android 开发入门与实战 [M] . 北京：人民邮电出版社，2009.

[6] 张志锋，朱颢东 . Java Web 技术整合应用与项目实战（JSP+Servlet+Struts2+Hibernate+Spring3）[M]. 北京：清华大学出版社，2013.

[7] Paul Deitel，Harvey Deitel，Abbey Deitel，Michael Morgano.Android 应用开发案例精解（Android for programmers：an app-driven approach）[M] . 康艳梅，张君施，译 . 北京：电子工业出版社，2013.

[8] Satya Komatineni，Dave MacLean. 精通 Android [M] . 曾少宁，杨越，译 . 北京：人民邮电出版社，2013.

[9] 孙更新，邵长恒，宾晟 .Android 从入门到精通 [M] . 北京：电子工业出版社，2011.

[10] 秦建平 .Android 编程宝典 [M] . 北京：北京航空航天大学出版社，2013.

[11] 裴佳迪，马超，孙仁贵 . Android 应用开发全程实录 [M] . 北京：人民邮电出版社，2012.

[12] 吴亚峰，杜化美，苏亚光 . Android 编程典型实例与项目开发 [M] . 北京：电子工业出版社，2011.

推荐阅读

计算机系统：系统架构与操作系统的高度集成

作者：Umakishore Ramachandran 等 译者：陈文光 等

计算机系统概论

作者：Yale N. Patt 等 译者：梁阿磊 等 ISBN：978-7-111-21556-1 定价：49.00元

C程序设计语言（第2版）

作者：Brian W. Kernighan 等 译者：徐宝文 等 ISBN：978-7-111-12806-0 定价：30.00元

C程序设计导引

作者：尹宝林 ISBN：978-7-111-41891-7 定价：35.00元